Cocos
Creator 3.x
游戏开发入门与实战

黄鸿信 著

电子工业出版社·
Publishing House of Electronics Industry
北京·BEIJING

内 容 简 介

本书基于 Cocos Creator 3.x 版本编写，书中精选了多个有趣的小游戏原型，每个小游戏原型都涵盖了相应的基础知识，包括 2D 对象、缓动系统、2D 物理与遮罩、音频系统、动画系统等，旨在通过实战的方式引导读者快速入门。本书的内容浅显易懂，非常适合零基础的读者，无论是在校学生还是刚接触游戏开发的编程人员，都可以通过阅读本书学到想要的知识。本书的最后一章分享了独立小游戏开发者的经验，包括如何获取游戏灵感、如何立项与迭代等，可以为想要进行独立小游戏开发的新人解答"怎么开始"的困惑。如果你对游戏开发感兴趣，相信你一定能从本书中有所收获。

图书在版编目（CIP）数据

Cocos Creator 3.x 游戏开发入门与实战 / 黄鸿信著. —北京：电子工业出版社，2022.9

ISBN 978-7-121-44088-5

Ⅰ．①C… Ⅱ．①黄… Ⅲ．①移动电话机－游戏程序－程序设计 Ⅳ．①TP317.67

中国版本图书馆 CIP 数据核字（2022）第 138781 号

责任编辑：黄爱萍　　　　　特约编辑：田学清
印　　刷：北京捷迅佳彩印刷有限公司
装　　订：北京捷迅佳彩印刷有限公司
出版发行：电子工业出版社
　　　　　北京市海淀区万寿路 173 信箱　　　　邮编：100036
开　　本：720×1000　　1/16　　印张：16　　　字数：323 千字
版　　次：2022 年 9 月第 1 版
印　　次：2025 年 1 月第 5 次印刷
定　　价：109.00 元

凡所购买电子工业出版社图书有缺损问题，请向购买书店调换。若书店售缺，请与本社发行部联系，联系及邮购电话：（010）88254888，88258888。

质量投诉请发邮件至 zlts@phei.com.cn，盗版侵权举报请发邮件至 dbqq@phei.com.cn。

本书咨询联系方式：（010）51260888-819，faq@phei.com.cn。

前　　言

Cocos Creator 是一款非常强大的游戏开发引擎，它有着优秀的跨平台特性和极强的易用性，在游戏开发领域广受好评。本书旨在引导读者快速入门，通过多个案例快速熟悉 Cocos Creator 的各项基础知识，同时涵盖游戏开发中的一些小技巧。

本书不会对 API 知识点进行大篇幅的讲解，也不会讲述过于复杂的游戏逻辑，同时，书中的案例尽可能地做到了简化，并围绕案例讲述相关的 API 知识点及其具体用法。通过阅读本书，读者可以快速了解具体知识点的应用场景，并学以致用。当读完本书时，读者将会对 Cocos Creator 有较为全面的了解，同时具备独立制作游戏的能力。

本书读者对象

本书适合对游戏开发感兴趣或者 Cocos Creator 的初学者。无论是在校学生还是刚接触游戏开发的编程人员，也都可以通过阅读本书学到想要的知识。

如果你一直想做出一款属于自己的游戏，但是在学习之初不确定自己应该挑选什么书来阅读，或者在阅读一些书时看到通篇的 API 讲解就开始晕头转向，或者在跟着书籍制作复杂的案例项目时坚持不下去，那么本书就是为你量身打造的。本书围绕有趣的案例展开讲解，让你从零开始，真正感受到游戏开发的乐趣，从而树立起学习的信心。

本书组织结构

本书总共 10 章，各章内容介绍如下。

第 1 章：介绍如何搭建基础的开发环境，并运行第一个"Hello World"项目。

第 2 章：介绍 TypeScript 的基础知识及 Cocos Creator 脚本组件的基础知识等。

第 3 章：制作一个对战小游戏，并在制作的过程中介绍如何使用图片资源及如何进行场景的搭建等。

第 4 章：通过制作一个有趣的反应小游戏来介绍缓动系统的相关知识。

第 5 章：介绍 2D 物理的相关知识，并用这些知识实现一个简单的跑酷小游戏。

第 6 章：制作一个有趣的拼图小游戏，同时介绍音频的基础知识，并将这些知识应用到游戏中，让游戏变得更加有趣。

第 7 章：制作一个简易的 RPG 回合制战斗小游戏，并基于动画系统的相关知识，为游戏增加动画效果，让游戏变得更加生动。

第 8 章：把在第 5 章中制作的小游戏从 2D 版本移植为 3D 版本，并通过移植的过程介绍相关的 3D 基础知识。

第 9 章：介绍 Cocos Creator 的发布系统，并尝试将游戏项目打包到各个平台。

第 10 章：介绍一些开发独立项目的心得与小技巧，了解游戏是如何从创意获取到立项再到成功上线的。

本书阅读建议

为了帮助读者更好地理解各个知识点，本书会将多个知识点分散到不同章节的项目案例中穿插讲解，在每个知识点首次出现时都会对其进行较为详细的解释，之后则不会进行赘述。建议初学者根据章节顺序进行阅读，从而逐步了解各个知识点。同时，本书各章节的实战案例也较为独立，已经有一定基础的读者也可以通过查阅目录直接跳转到对应知识点的章节进行学习。读者可以结合自身情况选择合适的方式进行阅读，但是在阅读时请务必跟随书中的指引进行实操，以便加深对知识点的理解。

由于 Cocos Creator 的版本一直在更新，本书的内容会存在一定的滞后性，因此当你在学习本书的内容时，使用的可能是比书中的版本更新的编辑器。在编写此书时，可供下载的 Cocos Creator 的最新版本为 3.4.2，不同版本的引擎可能存在不同之处，为了保证学习过程的顺利进行，建议下载与本书所用版本相同的引擎。在熟练掌握基础知识之后，再根据自己的实际需求选择对应的引擎版本。

随书下载资源

使用微信扫描本书封底的二维码，可以获取各个章节的素材及项目资源。

致谢

本书从大纲的起草、资料的搜集到内容的编写，得到了很多人的帮助。感谢 Cocos 生态团队的大表姐、老王、蒋先生、放空，感谢你们一直鼓励并帮助我解决编写本书时遇到的各种问题，没有你们的鼓励我可能不会有勇气完成这本书的写作。感谢 Cocos CEO&联合创始人林顺、Cocos 引擎技术总监 panda 为本书所写的推荐语。感谢上海灵禅网络科技股份有限公司 CEO 兰海文作为本书技术顾问提供的帮助。感谢本书的责任编辑黄爱萍老师在编写本书时提供的指导与帮助。感谢厦门大学李一同同学对本书内容所做的核对。最后感谢所有在编写本书时帮助过我的朋友、bilibili 网站上关注过我的小伙伴以及玩过我制作的游戏的每一位玩家。

黄鸿信

2022 年 7 月 1 日

目　　　录

第 1 章

初识 Cocos Creator

在本章中，我们将初步地学习 Cocos Creator。通过本章的学习，你将会了解到什么是 Cocos Creator，同时学习如何从官方网站中下载并安装 Cocos Creator 3.x。此外，你还将学到编辑器的一些基础知识，在此之后你将学会创建并运行第一个 Hello World 项目。

1.1　Cocos Creator 简介

Cocos Creator 是一款基于 Cocos2d-x 引擎的跨平台游戏开发工具，它包含了完整的游戏开发解决方案。开发者可以通过极易上手的内容生产工作流程，以及功能强大的工具套件，轻松地创建 2D 和 3D 游戏。

基于 Cocos Creator 跨平台发布的能力，开发者可以非常方便地将游戏导出到多个平台上，其中包括 Web 平台（HTML5）、原生平台（Android，iOS，HUAWEI HarmonyOS 等）以及各种小游戏平台（微信小游戏、抖音小游戏、Facebook Instant Games 等）。

1.1.1　什么是游戏引擎

游戏引擎指的是一套用于游戏开发的软件框架。引擎中通常包含许多编写游戏时会用到的基础模块，如图像渲染、物理系统、碰撞检测系统、音效、引擎脚本、网络交互等常用模块。在使用游戏引擎的过程中，开发者并不需要知道实现引擎模块的底层原理，仅需要使用引擎提供的模块的 API，就可以轻松地实现对应的游戏功能。

如果你对于引擎没有直观的概念，那么可以将引擎类比作我们生活中的工具箱。工具箱中存放着各种不同的工具，如手电筒、螺丝刀等。当我们需要灯光时，只需要拿出工具箱中的手电筒进行使用，而不需要关注手电筒是如何制作的。工具箱中的这些工具，就是引擎中的各个"模块"，而工具的使用方法则是引擎模块的"API"。

使用游戏引擎不仅极大地降低了开发者的入门门槛，还减少了游戏开发中的大量重复工作，让开发者不再需要每次都从零开始。

1.1.2　为什么使用 Cocos Creator

通过上一小节的介绍，我们已经了解了游戏引擎对于开发者的重要性。所以在进行游戏开发之前，我们需要选择一个适合自己的引擎来进行学习，这里选择的是 Cocos Creator。

Cocos Creator 目前在国内属于主流的开发工具之一，具有易上手、跨平台、含中文社区等特性。

易上手：Cocos Creator 使用了非常容易上手的 TypeScript 作为开发语言，非常适合初学者或有一些 Web 开发经验的开发者快速入门。

跨平台：Cocos Creator 目前支持发布游戏到 Web、iOS、Android、Windows、Mac 以及各类小游戏平台上，真正实现了"一次开发，全平台运行"。

含中文社区：Cocos Creator 具有非常活跃的中文社区以及翔实的中文文档，开发者在开发过程中遇到问题时，可以轻松地搜索到中文的解决方案，这也更加符合国内开发者的开发习惯。

1.1.3　善用文档和社区

正如上一小节所述，Cocos Creator 具有非常活跃的中文社区以及翔实的中文文档。在开发游戏的过程中难免会遇到一些问题，这时就需要利用好 Cocos Creator 的社区和文档。

通过 Cocos 官方网站导航栏的【文档】及【论坛】导航按钮，我们可以方便地打开 Cocos 的文档页面或论坛页面，如图 1-1 所示。

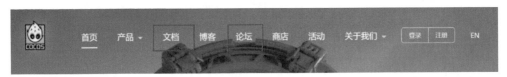

图 1-1　官方网站导航栏

对于大部分引擎在使用方面的问题，我们都可以尝试查阅开发文档和 API 文档，利用文档提供的搜索功能，方便地搜索各种常见的基础问题。这里需要注意的是，在查阅文档时，一定要先确认文档版本是对应当前使用的 Cocos Creator 版本的，例如，我们当前使用的引擎版本为 3.4.2，需要选择对应的文档版本为 3.4，如图 1-2 所示。

图 1-2　3.4 版本开发文档（上）与 3.4 版本 API 文档（下）

图 1-2　3.4 版本开发文档（上）与 3.4 版本 API 文档（下）（续）

　　如果遇到了文档中查不到的内容，则可以进入 Cocos 的论坛，在论坛中查看其他开发者发的帖子，通过阅读这些帖子可以了解 Cocos Creator 的最新讯息以及其他开发者遇到的问题。同时，也可以使用论坛的搜索功能，主动搜索遇到的问题或者想了解的资讯。当然，在遇到论坛里搜索不到的问题时，还可以选择在论坛里发帖提问，如图 1-3 所示。

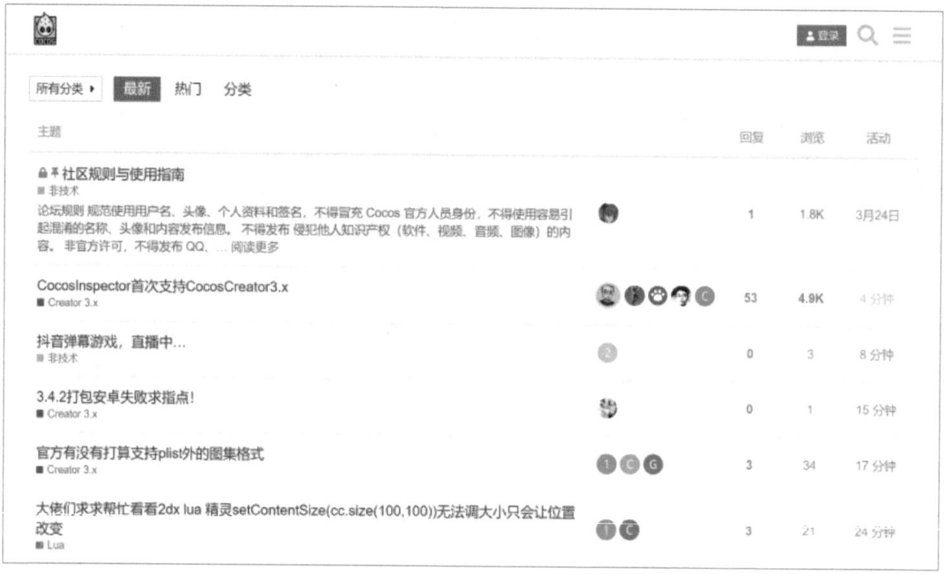

图 1-3　官方论坛

1.2　Cocos Creator 的安装与启动

　　在开始学习 Cocos Creator 的使用之前，我们首先要做的事情就是搭建开发环境。Cocos Creator 从 2.3.2 版本开始引入了 Dashboard，通过 Dashboard，我们可以方便地下载和管理所需要的 Cocos Creator 版本。接下来我们将学习如何下载和安装 Dashboard，并通过 Dashboard 来获取我们需要的 Cocos Creator 编辑器。

1.2.1　安装 Dashboard

在安装 Dashboard 之前，我们需要检查一下当前的系统是否符合安装条件。Dashboard 支持的系统环境如下。

（1）macOS：OS X 10.9 及以上版本。

（2）Windows：Windows 7 64 位及以上版本。

确认系统环境之后，我们可以从官方网站的产品下载页面找到【下载 DASHBOARD】按钮，点击该按钮即可下载当前最新的 Dashboard 安装包，如图 1-4 所示。

在 Windows 系统下我们会获得一个.exe 可执行文件，直接双击该文件进行安装即可。此时默认的安装路径是 C:\CocosDashboard，我们可以在安装过程中对其进行更改。如果在安装过程中出现"不能安装需要的文件"的弹窗警告，则需要使用管理员权限进行安装。

图 1-4　下载 Dashboard 安装包

在 Mac 系统下我们会获得一个 dmg 镜像文件，双击该镜像文件，将 Cocos Dashboard.app 拖动到应用程序文件夹或其他位置即可完成安装。需要注意的是，在安装过程中如果提示"应用来自身份不明的开发者"，则需要进入系统偏好设置面板，并在安全性与隐私中点击【仍要打开】按钮后才能顺利进行安装。

1.2.2　下载编辑器

Dashboard 安装就绪后，双击 CocosDashboard 图标即可启动 Cocos Dashboard。在首次启动 Dashboard 时，会进入 Cocos 开发者登录界面，如图 1-5 所示。

图 1-5　Cocos 开发者登录界面①

如果没有注册过 Cocos 的开发者账号，则需要点击【注册】按钮进行注册。注册成功后，输入账号、密码并点击【登录】按钮，即可进入 Dashboard 操作界面。这里需要注意的是，如果 Dashboard 操作界面显示的是英文，则可以点击界面右上角的齿轮图标打开 Dashboard 设置界面，并在【Language】下拉列表中选择【简体中文】选项即可，如图 1-6 所示。

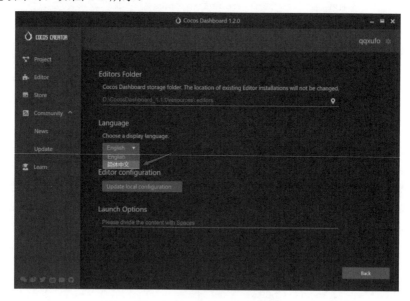

图 1-6　Dashboard 设置界面

① 图中的"帐户"为错误用法，正确的用法为"账户"。

点击界面左侧的【编辑器】选项卡进入编辑器管理界面，可以看到此时我们还未安装任何版本的 Cocos Creator 编辑器。点击界面右下角的【下载编辑器】按钮，将会打开编辑器下载界面，该界面会显示出当前可供下载的所有 Cocos Creator 编辑器版本。点击所需版本最右侧的下载图标即可下载相应版本的编辑器，如图 1-7 所示。

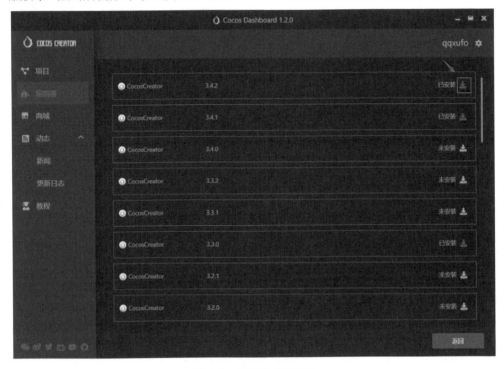

图 1-7　编辑器下载界面

这里需要注意的是，由于 Cocos Creator 的版本一直在更新，本书的内容会存在一定的滞后性，因此当你在学习本书的内容时，可能会看到比书中使用的版本更新的编辑器。在编写此书时，可供下载的 Cocos Creator 的最新版本为 3.4.2，由于不同版本的引擎可能会产生出入，为了保证学习过程的顺利进行，建议下载与本书所用版本相同的引擎。在熟练掌握基础知识之后，再根据自己的实际需求选择对应的引擎版本。

1.2.3　创建项目

编辑器安装完成之后，我们就可以进行项目的创建了。将左侧的选项卡切换到【项目】，此时可以看到右下角有两个按钮，分别是【导入】和【新建】。点击【导入】按钮可以将已经存在的项目进行导入，点击【新建】按钮则可以创建一个新的项目。

由于当前我们还没有其他的项目，所以需要点击【新建】按钮来创建一个新的项目。点击【新建】按钮后，可以看到项目创建界面顶部的【编辑器版本】下拉列表，开发者可以通过该下拉列表自由地选择和切换编辑器版本。此时默认选项会显示我们刚刚安装的编辑器版本，即 Cocos Creator 3.4.2 版本，如图 1-8 所示。

图 1-8　项目创建界面

在项目创建界面中，我们可以看到编辑器预设的一些项目模板，不同的项目模板会提供相应的配置以及项目资源。这里我们可以选择【Empty(2D)】，该模板表示创建一个 2D 空项目。

项目模板选择完成后，我们还可以根据实际需求修改底部的项目名称及项目的创建路径。这里我们将【项目名称】从默认的【NewProject】修改为【demo-001】，之后点击【创建】按钮完成项目的创建。

1.3　编辑器介绍

Cocos Creator 编辑器界面由多个面板、菜单和功能按钮组成。通过使用编辑器各个板块的对应功能，开发者可以方便地进行场景编辑、资源管理、动画制作、调试预览等工作。接下来我们将初步地学习编辑器界面的布局与各个板块的作用。

1.3.1　编辑器界面

在 1.2 节中，我们已经成功地创建了一个空项目，打开项目后会看到 Cocos Creator 编辑器界面。这里需要注意的是，首次打开的编辑器界面默认采用英文，我们可以根据需要在首选项面板中对编辑器的语言进行修改。

通过 Cocos Creator 编辑器主菜单选择【Cocos Creator】→【Preferences】命令，打开编辑器首选项面板，如图 1-9 所示。

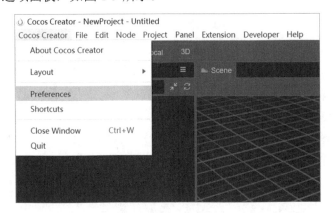

图 1-9　Cocos Creator 编辑器主菜单

在编辑器首选项面板中，将【Language】修改为【中文】即可，如图 1-10 所示。

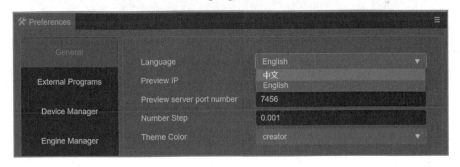

图 1-10　编辑器首选项面板

修改完成后回到编辑器界面，此时我们会看到编辑器界面已经变成中文界面，如图 1-11 所示。

在该界面顶部，可以看到主菜单、工具栏及调试选项栏。下方默认的 5 个主要面板分别是层级管理器、资源管理器、场景编辑器、控制台及属性检查器。各个板块的主要功能如下所示。

（1）主菜单：提供编辑器的功能选项及修改编辑器配置的功能。

（2）工具栏：提供修改场景编辑器的基本工具。

（3）调试选项栏：提供游戏预览运行的功能。

（4）层级管理器：管理场景中的节点，以树状结构的方式显示场景中存在的物体。

（5）资源管理器：管理项目中的资源文件，如脚本、图片、声音、动画、粒子等。

（6）场景编辑器：用于展示和编辑游戏场景。

（7）控制台：输出游戏日志及报错信息。

（8）属性检查器：显示节点或资源的相关属性。

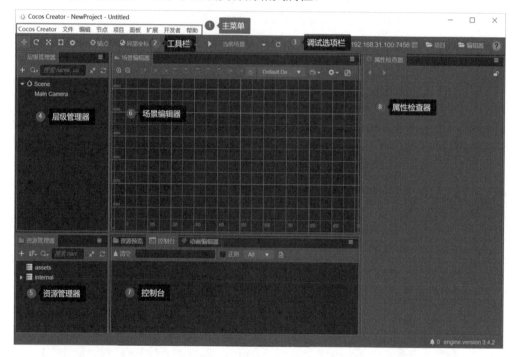

图 1-11　编辑器中文界面

1.3.2　调整编辑器布局

Cocos Creator 编辑器支持自定义布局，我们可以调整各个面板的大小以及面板的位置，或者将面板进行层叠处理。

长按两个面板间的分界线可以使分界线高亮，此时可以通过左右拖动来改变面板的大小，如图 1-12 所示。

长按面板标签可以对面板进行拖动，可以将面板移动到编辑器的任意位置，此时我们可以尝试将场景编辑器拖动到层级管理器的右侧，如图 1-13 所示。

点击面板右上方的按钮可以弹出面板关闭界面，点击【关闭】按钮即可将对应的面板关闭，如图 1-14 所示。

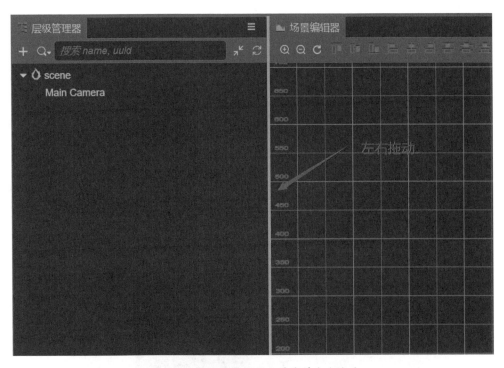

图 1-12　长按面板间的分界线并左右拖动

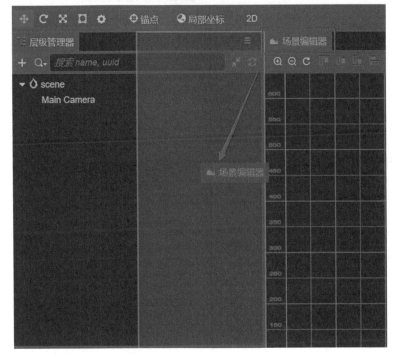

图 1-13　拖动场景编辑器

图 1-14　面板【关闭】按钮

这里需要注意的是，如果不小心将布局弄乱且无法手动恢复原状，则可以通过主菜单选择【Cocos Creator】→【布局】→【默认布局】命令，将当前布局恢复为默认布局，如图 1-15 所示。

图 1-15　恢复默认布局

1.4　Hello World

现在我们已经成功地安装了 Cocos Creator，也对编辑器有了初步的了解。接下来我们将尝试在当前的项目中添加一个场景，并让这个场景运行起来，同时向屏幕输出【Hello World】。

1.4.1　创建场景

场景是将游戏内容（角色、UI、场景物体等）呈现给玩家的一个载体。它就像是歌剧表演的舞台，游戏中的任何内容都需要放到场景上才能被观众看到。因此，在向屏幕输出【Hello World】之前，我们必须先创建一个游戏场景。

在资源管理器中右击并在弹出的快捷菜单中选择【创建】→【场景】命令，即可创建一个新的场景，如图 1-16 所示。

在场景创建出来之后，我们可以对其进行命名，这里将场景名称修改为【Game】，如图 1-17 所示。

图 1-16　创建一个新的场景

图 1-17　修改场景名称

此后如果还需要对场景名称进行修改，则可以右击需要修改名称的场景，在弹出的快捷菜单中选择【重命名】命令，如图 1-18 所示。

这里需要注意的是，在场景创建成功后需要双击【Game】场景，以确保当前所处的场景是我们需要的。我们可以通过观察编辑器的左上角来查看当前所处的场景，若未选择场景，则会显示【Untitled】，否则会显示当前所处场景的路径，如图 1-19 所示。

图 1-18 选择【重命名】命令

图 1-19 当前所处场景的路径

1.4.2 向场景中添加文字

在向场景中添加【Hello World】文本之前，还需要在场景中添加一个 Canvas 节点。在 Cocos Creator 中，文本是作为 2D 元素存在的，在 Cocos Creator 3.x 中，所有的 2D 元素都必须作为 RenderRoot2D 的子节点才能被渲染，即需要显示的 2D 元素只有挂载在 RenderRoot2D 节点上，才能被正常显示。而 Canvas 承自 RenderRoot2D，因此我们可以把所有需要显示的 2D 元素都挂载在 Canvas 节点上，从而让引擎渲染对应的元素。

在层级管理器中右击并在弹出的快捷菜单中选择【创建】→【UI 组件】→【Canvas（画布）】命令，即可在场景中创建一个 Canvas 节点，如图 1-20 所示。

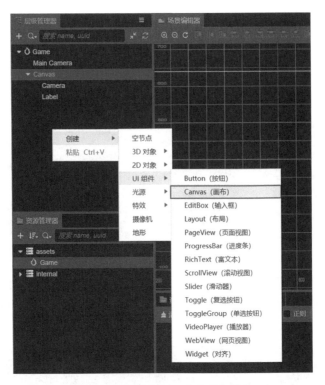

图 1-20　创建 Canvas（画布）节点

　　在创建 Canvas 节点后，右击层级管理器中的【Canvas】节点，在弹出的快捷菜单中选择【创建】→【2D 对象】→【Label（文本）】命令，即可在 Canvas 节点下创建一个文本节点，如图 1-21 所示。

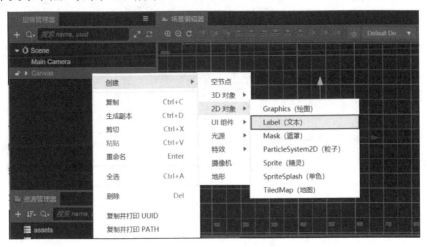

图 1-21　创建 Label（文本）节点

　　这里需要注意的是，Label 是 2D 组件，如果创建的是 3D 空项目，当添加了文本节点后，由于场景默认是 3D 的，所以可能并没有在场景编辑器中看到相应的文本。此时需要点击编辑器顶部工具栏中的【3D】按钮，将场景从默认的 3D 视图切换为 2D 视图，也可以使用快捷键 F2 来实现场景的切换，如图 1-22 所示。

图 1-22 切换 2D/3D 编辑模式

当看到编辑模式按钮的字样显示为【2D】时，表明我们处于 2D 编辑模式中，此时场景编辑器会以 2D 视图的方式进行呈现，场景中的文本就可以被看到了，如图 1-23 所示。

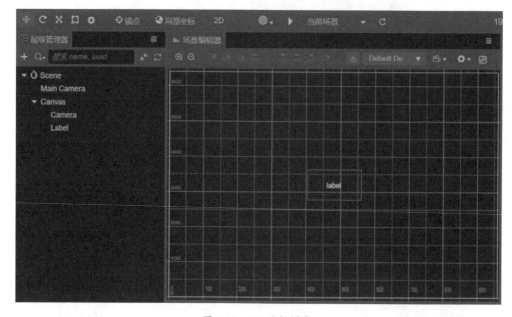

图 1-23 2D 编辑模式

在层级管理器中选中【Label】节点，可以在属性检查器中对 Label 的文本内容进行修改，此时我们尝试把【String】文本框中的内容修改为【Hello World】，如图 1-24 所示。

图 1-24　属性检查器

修改完成后，我们可以看到场景中的文字已经同步变成了【Hello World】，如图 1-25 所示。

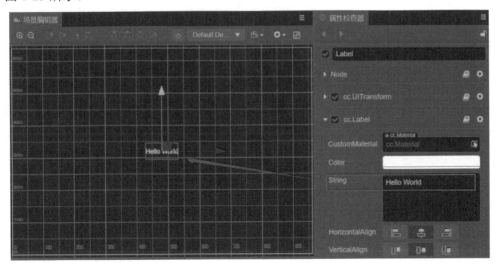

图 1-25　显示【Hello World】

1.4.3　预览运行项目

Cocos Creator 支持浏览器、模拟器、预览窗口 3 种预览方式。这里我们直接使用默认的浏览器预览方式，点击编辑器顶部的预览按钮，将会在浏览器中打开并预览运行【Hello World】项目，如图 1-26 所示。

图 1-26　预览运行【Hello World】项目

1.5　本章小结

通过本章的学习，我们初步地了解了 Cocos Creator，知道了什么是游戏引擎，并下载和安装了 Cocos Creator 编辑器，也创建和运行了自己的第一个【Hello World】项目。下一章我们将开始学习 Cocos Creator 中的一个重要部分——脚本。

第 2 章

脚本编程基础

在本章中，我们将会为 Cocos Creator 配置默认的脚本编辑器与预览浏览器，并在配置好的编辑器中学习 Cocos Creator 脚本编程的基础知识。即使你之前没有接触过 TypeScript 也无须担心，本章将会介绍一些必要的 TypeScript 基础知识，以及如何在 Cocos Creator 中创建并运行 TypeScript 脚本。通过学习本章的内容，你将会掌握基础的脚本开发知识，同时会对 Cocos Creator 脚本编程有初步的认知。

2.1　配置外部工具

"工欲善其事，必先利其器。"在开始本章的学习之前，我们需要准备好合适的工具，使用好的工具可以让我们事半功倍。Cocos Creator 的脚本编辑器和预览浏览器是支持自定义配置的，我们可以配置为自己喜欢的外部工具。本节将会以配置 VSCode 编辑器和 Chrome 浏览器为例，介绍如何给 Cocos Creator 配置相关的外部工具。

2.1.1　Chrome 浏览器

Chrome 是谷歌公司开发的一款高性能浏览器，以高效和稳定著称，因为具备强大的 JavaScript V8 引擎，所以成为很多开发者的首选浏览器。正因如此，Chrome 浏览器也是 Cocos Creator 官方推荐使用的预览浏览器。我们可以通过搜索引擎搜索 Chrome 的官方网站来获取最新版本的安装包，并在获取安装包后进行安装，如图 2-1 所示。

图 2-1　Chrome 官方网站下载页面

2.1.2　VS Code 编辑器

VS Code 的全称是 Visual Studio Code，是微软公司开发的一款跨平台代码编辑器。VS Code 不仅功能强大、易上手，而且对 TypeScript 非常友好。正因如此，VS Code 还是 Cocos Creator 官方推荐使用的脚本编辑器。我们可以通过搜索引擎搜索 VS Code 的官方网站来获取与操作系统对应的安装包，并在获取安装包后进行安装，如图 2-2 所示。

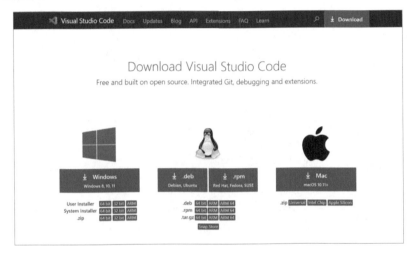

图 2-2　VS Code 官方网站下载页面

2.1.3　配置默认外部程序

安装完外部工具后，就可以将它们配置为 Cocos Creator 的默认外部程序了。在 Cocos Creator 编辑器主菜单中选择【Cocos Creator】→【偏好设置】选项，打开编辑器的偏好设置面板，如图 2-3 所示。

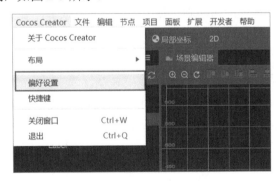

图 2-3　Cocos Creator 编辑器主菜单

在偏好设置面板中点击【外部程序】选项卡，可以在当前面板下看到 Cocos

Creator 编辑器中的各外部程序的路径配置。由于我们先前并未填写任何外部程序的路径，因此相应的程序路径均为空。我们可以点击【放大镜】图标，将 Chrome 和 VSCode 的安装路径填入相应的配置项，即可完成配置，如图 2-4 所示。

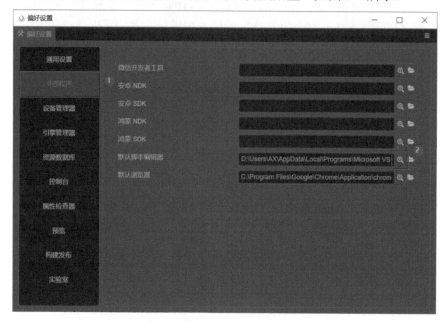

图 2-4　配置外部程序

2.2　创建和使用游戏脚本

脚本编写在游戏开发的过程中是非常重要的。编写游戏脚本也就是我们通常所说的写代码。开发者通过编写各种逻辑代码来实现相应的游戏交互行为，例如点击按钮改变文字、自动播放一段动画、弹出一个新的界面等。本节将初步学习如何创建并使用一个脚本。

2.2.1　脚本的创建

在 Cocos Creator 中，脚本也是资源的一部分。在资源管理器中创建的脚本，默认是一个 NewComponent 组件，称为脚本组件。在资源管理器中右击，并在弹出的快捷菜单中选择【创建】→【脚本（TypeScript）】命令，即可创建一个新的脚本，如图 2-5 所示。

在脚本创建成功后，我们将其命名为 Game，使其与 Game 场景保持一致，如图 2-6 所示。

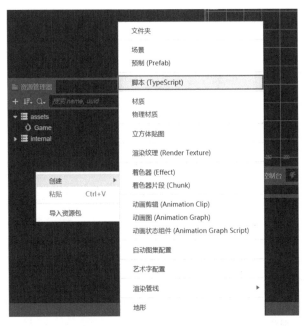

图 2-5　创建 TypeScript 脚本

图 2-6　Game 脚本

在 Game 脚本创建完成后，我们可以在资源管理器中选中它，此时在属性检查器中，就可以看到脚本对应的内容了。这些代码是编辑器在脚本创建时自动生成的预设内容，如下所示。

```
import { _decorator, Component, Node } from 'cc';
const { ccclass, property } = _decorator;

@ccclass('Game')
export class Game extends Component {
    // [1]
    // dummy = '';

    // [2]
    // @property
```

```
// serializableDummy = 0;

start () {
  // [3]
}

// update (deltaTime: number) {
//     // [4]
// }
}
```

2.2.2　编辑脚本

此时如果我们尝试对代码进行编辑就会发现，在属性检查器中看到的代码是没有办法直接进行编辑的。如果我们需要编辑对应的脚本文件，则可以在资源管理器中双击需要编辑的脚本。此时 Cocos Creator 会使用外部编辑器打开对应的脚本文件，我们直接在外部编辑器中对代码进行编辑即可。

如果我们已经成功安装并配置了 VS Code，那么当双击资源管理器下的 Game 脚本时，VS Code 将会自动打开 Game 脚本文件，如图 2-7 所示。

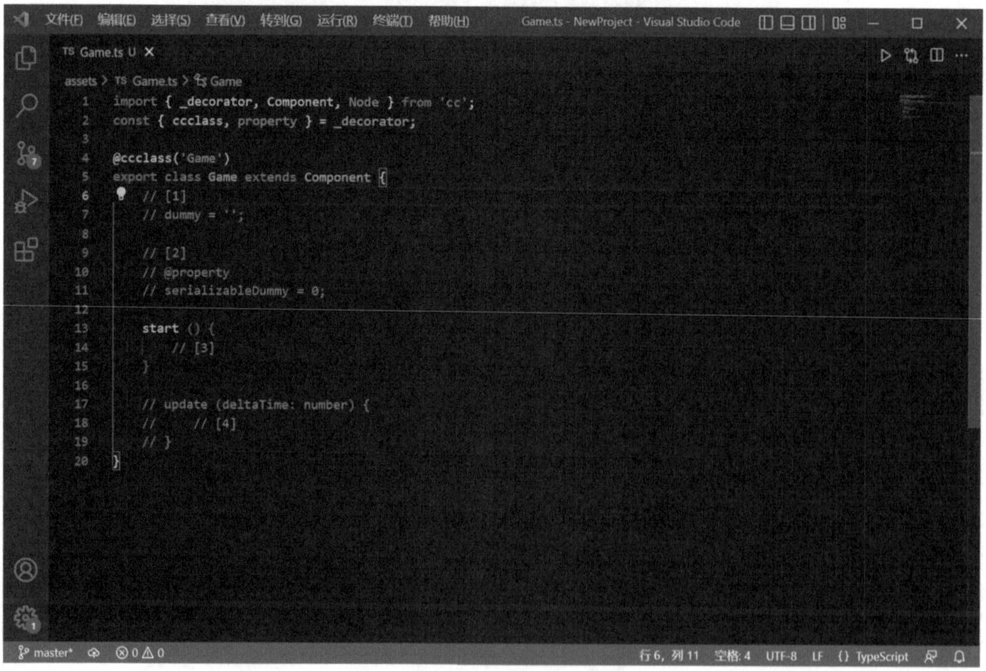

图 2-7　VS Code 中的 Game 脚本

接下来我们直接在 VS Code 中对代码进行修改，在 start 函数中添加一行 hello world 的输出语句，如下所示。

```
start () {
    // [3]
    console.log('hello world');
}
```

这里需要注意的是，在默认情况下，我们编写的代码是不会进行自动保存的。此时可以在 VS Code 界面上方看到一个圆点，当这个圆点出现的时候，则表明我们对代码进行了修改但是还未进行保存操作，如图 2-8 所示。

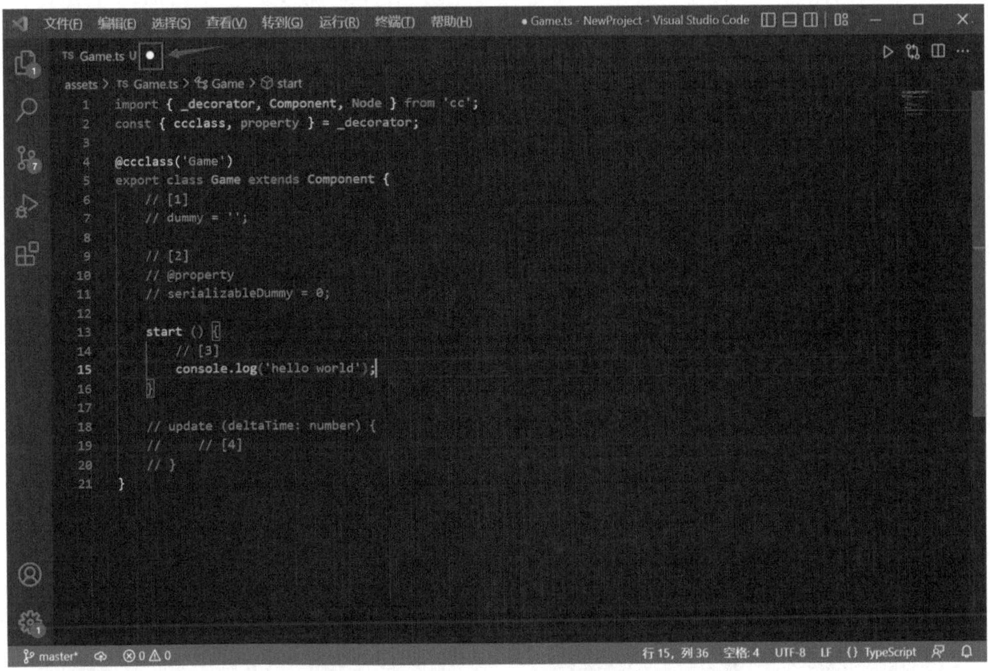

图 2-8 未保存的脚本

所以，为了保证 Cocos Creator 可以读取我们最新修改的代码，在代码编写完成之后，还需要使用组合键"Ctrl+S"来对代码进行保存。当保存成功之后，VS Code 界面上方的圆点会自动消失，此时则说明我们已经成功地保存了刚才的修改。

在代码修改完成之后返回 Cocos Creator，再次通过属性检查器查看 Game 脚本，此时可以发现在 VS Code 界面中编辑的内容已经同步过来了，与此同时 Cocos Creator 也会自动检测脚本的改动并迅速编译，开发者无须在 Cocos Creator 中进行多余的刷新操作。

2.2.3　绑定脚本

在通常情况下，没有被加载的游戏脚本是不会自动运行的，为了方便后续测试脚本，我们可以将其绑定到场景节点中，让其在加载节点时被触发执行。因此在脚本编写完成之后，我们还需要对脚本进行绑定操作。

在 Cocos Creator 中，脚本可以作为节点的组件存在，因此我们可以通过给节点添加组件来绑定脚本。编辑器提供了两种方式来添加组件：一种是拖动式添加，另一种是通过点击【添加组件】按钮添加。下面我们采用后者来对脚本进行绑定操作。

在场景中创建一个空节点，并让其作为脚本组件的载体。右击层级管理器内的空白区域，在弹出的快捷菜单中选择【创建】→【空节点】命令，并将其重命名为Node，如图 2-9 所示。

在层级管理器中选中新建的【Node】节点，之后在属性检查器中点击【添加组件】→【自定义脚本】→【Game】按钮，即可为当前的节点绑定我们自定义的 Game脚本，如图 2-10 所示。

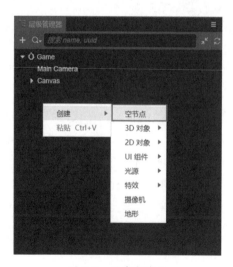

图 2-9　创建空节点

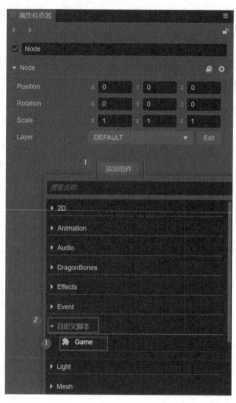

图 2-10　为 Node 节点添加 Game 脚本组件

经过刚才的操作，Game 脚本将会以组件的形式绑定到对应的节点下，如图 2-11 所示。

图 2-11 添加 Game 脚本组件后的 Node 节点

如果想要删除节点下的组件，则可以点击组件右上方的【齿轮】图标，并在弹出的菜单中选择【删除组件】命令，即可删除组件，如图 2-12 所示。

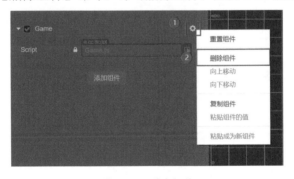

图 2-12 删除组件

2.2.4 hello 游戏脚本

在上一小节中，为了让脚本能够被触发执行，我们将其绑定到了场景节点上。当加载场景时，场景下的所有子节点都会被加载；当加载到 Node 节点时，该节点上绑定的组件也会被同时加载，此时，Game 脚本将会以组件的方式运行。因此，当我们在预览运行 Game 场景时，脚本中添加的调试输出语句【hello world】也将会被触发。

为了测试调试输出语句，接下来我们将通过 Chrome 浏览器的开发者工具来查看相关的调试输出。如果你已经配置了 Chrome 浏览器为默认预览浏览器，在点击

Cocos Creator 编辑器的预览按钮时，Game 场景就会以浏览器预览方式在 Chrome 浏览器中打开。

我们可以使用快捷键 F12，或者点击 Chrome 浏览器右上角的三个点的按钮，选择【更多工具】→【开发者工具】命令，打开浏览器的开发者工具，如图 2-13 所示。

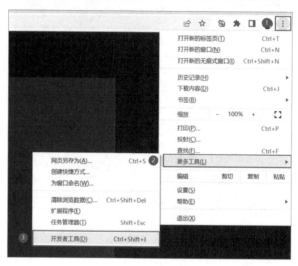

图 2-13　打开浏览器的开发者工具

在开发者工具界面中，点击【Console】选项卡切换到调试输出界面，此时我们可以看到脚本运行后打印出来的【hello world】，如图 2-14 所示。

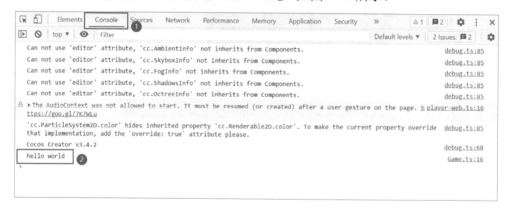

图 2-14　Chrome 控制台中打印的【hello world】

2.3　TypeScript 基础

TypeScript 是一门基于 JavaScript 的编程语言。它在 JavaScript 的基础上添加了类型系统，使得 TypeScript 具备了静态语言的特点。TypeScript 作为 JavaScript 的超集存在，因此它可以完全兼容 JavaScript 的语法。

本节将会介绍 TypeScript 的一些基础知识。初学者可以通过本节快速地学习 TypeScript 的基础语法，以便后续更好地学习 Cocos Creator 开发的相关内容。

2.3.1　变量的声明

在 TypeScript 中，可以使用关键字 let 来声明一个变量，并通过在变量名之后添加冒号 ":" 来指定变量的类型（let 变量名:类型=值），如下所示。

```
let hp: number = 100; // 基础血量
```

上面的代码通过 let 关键字定义了一个名为 hp 的数值类型变量，并将它的值设置为 100。代码中的 "//" 表示单行注释，"//" 后面的文字是注释的内容。

TypeScript 中的基础类型，除了上面使用到的数值类型（number），还有字符串类型（string）和布尔类型（boolean），如下所示。

```
let skill_name: string = '烈焰斩'; // 技能名字
let is_cd: boolean = false; // 技能冷却状态
```

在定义变量时也可以不进行显式的类型指定，此时的变量就会将初始定义时赋值的变量类型作为默认类型，如下所示。

```
let skill_name = '烈焰斩'; // string
let is_cd = false; // boolean
```

这里需要注意的是，在指定了变量类型之后，如果对不同类型的值进行赋值，将会报错。

```
let hp: number = 100; // 基础血量
hp = "一百"; // 报错
```

在 TypeScript 中，普通类型的变量是无法在赋值过程中改变类型的，如果需要实现动态类型的赋值，则需要使用任意类型（any），如下所示。

```
let hp: any = 100; // 基础血量
hp = "一百"; // 正常赋值
```

在阅读的过程中，可以利用 2.2 部分编写的脚本，通过 console.log 输出语句来对代码进行测试。将 start 函数中的代码块进行如下修改，再次预览运行，查看输出结果。

```
    start () {
        // [3]
```

```
    // console.log('hello world');
    let hp: number = 100; // 基础血量
    let skill_name: string = '烈焰斩'; // 技能名字
    let is_cd: boolean = false; // 技能冷却状态
    console.log(hp);
    console.log(skill_name);
    console.log(is_cd);
}
```

2.3.2 条件语句

使用条件语句可以基于不同的条件（true 或 false）执行对应的游戏逻辑，如图 2-15 所示。

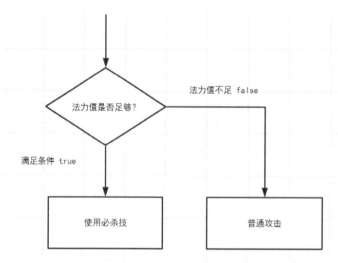

图 2-15 条件语句

（1）if 语句。只有当指定条件为 true 时，if 语句内的代码块才会被执行。

```
let mp: number = 5; // 法力值

if (mp >= 5) {
  console.log('使用必杀技');
}

mp = 0; // 清空全部 mp

if (mp >= 5) {
  console.log('再次使用必杀技');
```

```
}
```

在执行上面的代码时，我们会发现只输出了一次【使用必杀技】，并没有输出【再次使用必杀技】。这是因为在第一次执行 if 判断的时候，mp 满足了超过 5 点的条件，在第一个 if 语句块的代码被执行完成后 mp 被清空，在执行第二个 if 语句块时因为 mp 不足，所以 if 语句块内的代码块并没有被执行。

（2）if…else 语句。if 语句后面可以跟一个可选的 else 语句，else 语句在布尔表达式为 false 时执行。

```
let mp: number = 0; // 法力值

if (mp >= 5) {
  console.log('使用必杀技');
} else {

  console.log('法力不足，使用普通攻击');
}
```

在执行上面的代码时，当前的 mp 不满足超过 5 点的条件，此时会输出【法力不足，使用普通攻击】。

（3）if…else if…else 语句。在 else 之后可以跟一个新的判断分支，当使用该语句时会从多个代码块中选择一个来执行。

```
let mp: number = 3; // 法力值

if (mp >= 5) {
  console.log('使用必杀技');
} else if (mp >= 3) {
  console.log('使用烈焰斩');
} else {
  console.log('法力不足，使用普通攻击');
}
```

在执行上面的代码时，因为当前的 mp 不满足超过 5 点的条件，所以会继续执行下一个 if 语句，当 mp 满足使用烈焰斩的条件时，会输出【使用烈焰斩】。

2.3.3 switch 语句

使用 switch 语句可以基于多个不同的条件执行对应的游戏逻辑。switch 语句会将变量依次对比各个 case 的值，当匹配到对应的 case 时，会执行对应的 case 语句的代码块。当所有的 case 均匹配不到时，将会执行 default 代码块中的内容。

```typescript
let job: string = '法师'; // 职业

switch(job) {
  case '战士': {
    console.log('斩击');
    break;
  }
  case '射手': {
    console.log('弓箭攻击');
    break;
  }
  case '法师': {
    console.log('火球术');
    break;
  }
  default: {
    console.log('职业不存在');
    break;
  }
}
```

在执行上面的代码时，因为 job 的值匹配到了第三个 case 中的"法师"，所以程序运行后输出了【火球术】。

这里需要注意的是，当 case 的值匹配到变量后，与该 case 关联的代码块会被执行，因此在每个 case 执行结束后，还需要使用 break 来阻止程序自动执行下一个 case 的代码块。

2.3.4 循环基础

在编写代码的过程中，我们可能会遇到需要多次执行相同代码块的情况。假设我们需要实现一个 5 连击技能，每次攻击都会造成 3 点伤害，并在每一击之后都输出敌人当前的剩余血量。在不使用循环的情况下，我们需要把两行代码连续、重复地编写 5 次，如下所示。

```typescript
let enemy_hp: number = 20; // 敌人血量
let hero_atk: number = 3; // 玩家攻击力

enemy_hp = enemy_hp - hero_atk;// 扣除敌人 3 点血量
```

```
console.log(enemy_hp); // 输出敌人剩余血量

enemy_hp = enemy_hp - hero_atk;// 扣除敌人 3 点血量
console.log(enemy_hp); // 输出敌人剩余血量

enemy_hp = enemy_hp - hero_atk;// 扣除敌人 3 点血量
console.log(enemy_hp); // 输出敌人剩余血量

enemy_hp = enemy_hp - hero_atk;// 扣除敌人 3 点血量
console.log(enemy_hp); // 输出敌人剩余血量

enemy_hp = enemy_hp - hero_atk;// 扣除敌人 3 点血量
console.log(enemy_hp); // 输出敌人剩余血量
```

　　虽然我们可以通过复制、粘贴的方式简化重复编写的过程，但是这种方式并不利于对代码的维护。比较推荐的方式是合理地使用 for 循环。for 循环可以将重复的代码块移到循环逻辑中，从而简化代码，语法如下所示。

```
for ( init; condition; increment ){
  // 代码块
}
```

　　其中会首先执行 init，且只会执行一次。init 常用于初始化循环变量。condition 是循环条件，在每次执行代码块之前都会进行一次判断，当条件为 true 时会执行循环中的代码块，为 false 时则停止执行循环。在每次执行完成循环中的代码块后，会执行一次 increment 语句。

　　现在我们尝试用 for 循环改写最初的代码，如下所示。

```
let enemy_hp: number = 20; // 敌人血量
let hero_atk: number = 3; // 玩家攻击力

for (let i: number = 0; i < 5; i++) {
    enemy_hp = enemy_hp - hero_atk;// 扣除敌人 3 点血量
    console.log(enemy_hp); // 输出敌人剩余血量
}
```

　　在上面的代码中，"let i: number = 0" 表示循环语句声明了变量 i，并将其初始化为 0。"i < 5" 是循环的条件，只有在变量 i 的值小于 5 的情况下才会执行循环，否则将退出循环。"i++" 会在每次循环执行完成后对 i 的值进行 +1，以此来保证循环可以达到退出条件。

除了 for 循环，我们也可以使用 while 循环。while 循环会一直执行循环语句的代码块，直到条件为 false 时，才会结束循环。我们尝试将 for 循环改写为 while 循环，如下所示。

```
let enemy_hp: number = 20; // 敌人血量
let hero_atk: number = 3; // 玩家攻击力
let i: number = 0;

while (i < 5) {
    enemy_hp = enemy_hp - hero_atk;// 扣除敌人 3 点血量
    console.log(enemy_hp); // 输出敌人剩余血量
    i++;
}
```

2.3.5 数组

假设现在有一个需求，需要将游戏中所有的职业存储起来，在不使用数组的情况下，我们需要定义多个变量来存储所有的职业。这里我们定义变量 job_num 来存储当前的职业的数量，并以 "job_职业编号" 的格式定义多个职业的变量名，如下所示。

```
let job_num: number = 3; // 职业数量
let job_1: string = '法师';
let job_2: string = '射手';
let job_3: string = '战士';
```

目前只有 3 个职业，通过定义多个变量的方式来存储职业似乎没有什么问题，但是当游戏需要进行扩展时，添加新职业的操作就会变得特别烦琐。假设此时添加了 2 个新职业：召唤师和圣骑士，代码如下所示。

```
let job_num: number = 3; // 职业数量
let job_1: string = '法师';
let job_2: string = '射手';
let job_3: string = '战士';
let job_4: string = '召唤师';
let job_5: string = '圣骑士';
// 其他职业...
```

仔细观察上面的代码，你有没有发现什么问题？相信细心的你已经发现了，在添加了新的职业后，我们忘记将 job_num 变量的值从 3 修改成 5 了，这将会导致游戏在运行的过程中出现不可预知的 bug。

定义多个变量来存储一系列的职业的方式显然是低效且容易出问题的。此时可以选择定义一个名为 jobs 的数组，并用其将所有的职业进行存储。定义数组的方式和定义变量的方式类似（let 数组名:类型[] = [值 1，值 2，值 3...]）。修改为数组之后，代码如下所示。

```
let jobs: string[] = ['法师', '射手', '战士', '召唤师', '圣骑士'];

console.log(jobs.length); // 5, 职业数量
console.log(jobs[0]); // 法师
console.log(jobs[1]); // 射手
console.log(jobs[2]); // 战士
console.log(jobs[3]); // 召唤师
console.log(jobs[4]); // 圣骑士
```

数组中的每个元素都对应一个编号，我们把这个编号称为下标。下标从 0 开始依次递增，通过 jobs[下标]的方式可以获取对应的变量值。此外，我们也可以通过 jobs.length 获取当前数组中的元素数量。通过使用数组我们可以很好地管理需要存储的一系列变量，当需要继续添加新的职业时，只需要向数组中插入新的值即可。

值得一提的是，我们也可以通过 for/of 循环语句方便地遍历数组中的对象，代码如下所示。

```
let jobs: string[] = ['法师', '射手', '战士', '召唤师', '圣骑士'];

for (let job of jobs) {
  console.log(job); // 依次输出 "法师" "射手" "战士" "召唤师" "圣骑士"
}
```

2.3.6　对象

与数组类似，对象的作用之一也是更方便地组织和存储多个变量。对象是包含一组键-值对的实例（let 对象名 = { 键 1:值 1，键 2:值 2... }），对象的值可以是变量、函数、数组、对象等。

```
let hero = {
  hp: 20,
  mp: 50,
  job: '战士',
  backpacker: ['草药', '红宝石', '短剑', '皮甲']
};
```

```
console.log(hero.hp); // 20
console.log(hero.mp); // 50
console.log(hero.job); // 战士
console.log(hero.backpacker[0]); // 草药
```

2.3.7 函数

如果说变量的作用是存储数据，那么函数就可以被理解为用于存储代码逻辑的特殊变量。我们可以把多行执行语句存储到一个函数中，在需要使用对应的语句时，只要调用相应的函数即可。

通过关键字 function 来定义一个函数，并使用花括号来包含函数的代码块，语法如下。

```
function functionName() {
   // 代码逻辑
}
```

当函数有返回值时，需要在声明函数的时候指定返回值的类型，如下所示。

```
function getJob():string {
   // 代码逻辑
   return '盗贼';
}
```

在函数定义的时候，也可以指定需要传递的参数，如下所示。

```
function getJobByIndex(index: number):string {
   let jobs: string[] = ['法师', '射手', '战士', '召唤师', '圣骑士'];
   return jobs[index];
}

let index = 0;
let my_job = getJobByIndex(index);
console.log(my_job); // 法师
```

2.3.8 类

类用于定义事物的抽象特点。从代码组织的角度观察会发现，类和对象"长得非常像"，类同样描述了所创建的对象的共同的属性和方法。TypeScript 类的定义方式如下。

```
class className {
   // 类作用域
}
```

　　观察之前在 Cocos Creator 中自动生成的脚本会发现，我们之前都是在 Game 类中编写逻辑代码的。这里需要注意的是，在资源管理器中创建的脚本，它的类名默认与脚本名保持一致。假设你创建了一个名为 Hero 的脚本，那么 Cocos Creator 就会默认生成一个 Hero 类，如下所示。

```
@ccclass('Hero')
export class Hero extends Component {
    // [1]
    // dummy = '';

    // [2]
    // @property
    // serializableDummy = 0;

    start() {
        // [3]
    }

    // update (deltaTime: number) {
    // [4]
    // }
}
```

　　在默认生成的代码中，被注释掉的 dummy 和 serializableDummy 是类的成员属性，start 和 update 是类的成员函数。

2.4　脚本组件基础

　　我们已经成功地在 Cocos Creator 中创建并运行了脚本，也学习了 TypeScript 的基础语法，现在让我们回过头来学习脚本组件的基础知识。

2.4.1　组件类

　　所有继承自 Component 的类都被称为组件类，其对象被称为组件。我们可以将组件挂载到场景中的节点上，用于控制节点的行为。需要注意的是，如果没有使用

@ccclass 将组件类声明成 cc 类，则无法将组件添加到节点上。

2.4.2　cc 类

将装饰器 ccclass 应用在类上时，此类称为 cc 类。cc 类注入了额外的信息以控制 Cocos Creator 编辑器对该类的序列化和场景编辑器对该类的展示等。因此，未声明 ccclass 的组件类无法作为组件被添加到节点上。

装饰器 ccclass 的参数 name 指定了 cc 类的名称，cc 类名是独一无二的，这意味着同类名在不同目录下也是不被允许的。当需要获取相应的 cc 类时，可以通过 cc 类名来查找。

2.4.3　属性装饰器

属性装饰器 property 可以被应用在 cc 类的属性或访问器上，并用于控制 Cocos Creator 编辑器中 cc 类属性的序列化，以及该属性在属性检查器上的显示等。

这里需要注意的是，属性装饰器 property 的选项 type 会指定属性的 cc 类，若未指定，则 Cocos Creator 将从属性的默认值中推导其类型，完整的可选择参数可以参考 Cocos Creator 的官方文档。

我们可以将 Game 脚本进行修改，分别定义 job 变量和 hp 变量，同时在 start 函数中通过"this.变量名"的方式访问并输出成员变量的值，代码如下所示。

```
@ccclass('Game')
export class Game extends Component {
    job: string = '法师';

    @property({ type: CCInteger })
    hp: number = 10;

    start() {
        console.log('job:', this.job);
        console.log('hp:', this.hp);
    }
}
```

以普通方式声明的属性不能在编辑器中被访问，只有使用了属性装饰器 property 修饰的属性才能在编辑器中被访问。因此，在 Node 节点的属性检查器中，虽然我们可以查看并编辑在脚本中定义的【hp】属性，却看不到同时定义的【job】属性，如图 2-16 所示。

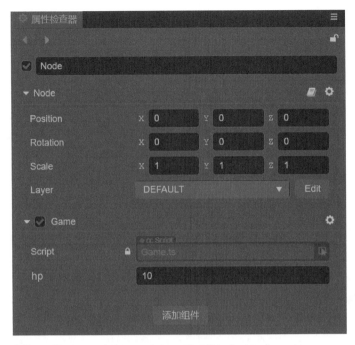

图 2-16　编辑器中的【hp】属性

在编辑器中尝试将【hp】的值修改为【50】，再次进行预览运行，我们会发现输出结果已经变成了【50】，如图 2-17 所示。

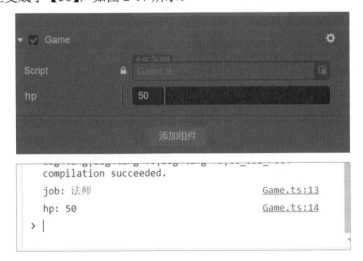

图 2-17　修改【hp】的值

2.4.4　与其他节点及组件交互

在游戏开发的过程中，脚本通常需要与多个节点进行交互。假设现在有一个需求，需要将 Label 节点的 string 属性进行动态调整，使默认的【Hello World】文本在游戏运行后变为【Game Start】。此时我们就需要让 Game 脚本与 Label 节点进行交互，代码修改如下所示。

```
import { _decorator, Component, Node, Label } from 'cc';
const { ccclass, property } = _decorator;

@ccclass('Game')
export class Game extends Component {
    // ...

    @property({ type: Label })
    label: Label = null; // 绑定 Label 节点

    start() {
        this.label.string = 'Game Start'; // 修改 label 内容
    }
}
```

在上面的代码中，我们定义了 label 变量并将其默认值设置为 null，同时将它的 type 声明为 Label 组件。这里需要注意的是，为了能在脚本中正常使用 Label 类，还需要在脚本的头部对该类进行导入。

在通常情况下，使用 VS Code 编写代码时，编辑器会对代码进行实时检测，当发现我们使用了未导入的内置组件类时，该类将会被 VS Code 编辑器自动导入。如果编辑器未能正确检测到类的引用，那么也可以手动将用到的类进行导入，如图 2-18 所示。

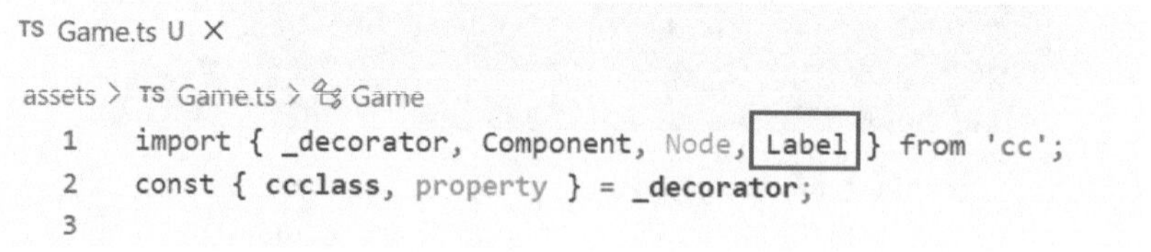

```
TS Game.ts U ×

assets > TS Game.ts > ✂ Game
    1    import { _decorator, Component, Node, Label } from 'cc';
    2    const { ccclass, property } = _decorator;
    3
```

图 2-18　导入 Label 类

与此同时，我们还需要在属性检查器中将 Label 节点与 Game 脚本进行绑定，否则在预览运行时会报错。回到 Cocos Creator 编辑器，将层级管理器中的 Label 节点拖动到 Game 脚本组件中的 Label 属性上，从而完成对组件的绑定，如图 2-19 所示。

完成拖动绑定后预览运行，浏览器中显示的文字将会从【Hello World】变成【Game Start】。

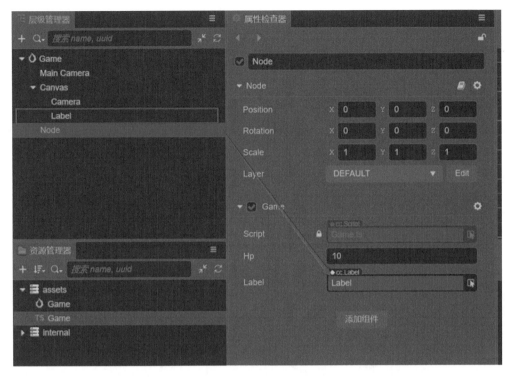

图 2-19　绑定 Label 组件

2.4.5　脚本的生命周期

何为生命周期？从字面上可以理解成事物从出生到死亡的过程，而对应到脚本中指的就是从创建到销毁的整个过程。

在 Cocos Creator 中，每个脚本组件都有自己的生命周期。引擎为脚本组件提供了生命周期的回调函数，我们只需要在 cc 类中定义对应的函数即可。当执行到相应的周期时，就会调用该函数。

脚本组件的生命周期回调函数包括：onLoad、onEnable、start、update、lateUpdate、onDisable、onDestroy。脚本组件的生命周期如图 2-20 所示。

1. onLoad

onLoad 回调函数会在脚本组件的初始化阶段被调用，比如所在的场景被载入或者所在的节点被激活。在 onLoad 阶段，可以获取场景中的其他节点，以及与节点关联的资源数据。onLoad 总会在调用 start 方法前被执行，可以用于设置脚本的初始化顺序。通常我们会在 onLoad 阶段做一些与初始化相关的操作。

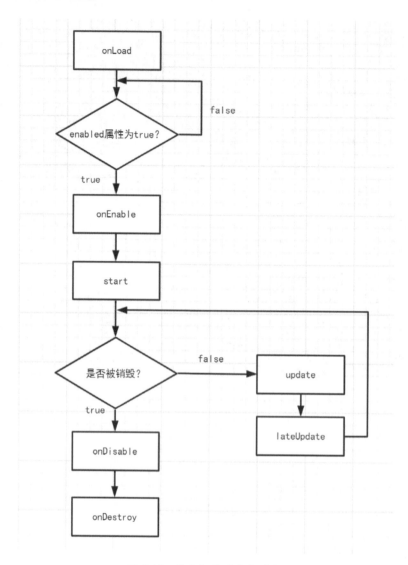

图 2-20　脚本组件的生命周期

2. onEnable

当组件的 enabled 属性从 false 变为 true 时，或者所在节点的 active 属性从 false 变为 true 时，都会激活 onEnable 回调函数。如果节点第一次被创建且 enabled 属性为 true，则会在 onLoad 之后、start 之前调用 onEnable 回调函数。

3. start

start 回调函数会在第一次激活组件之前，也就是第一次执行 update 之前被触发。start 通常用于初始化一些中间状态的数据，这些数据可能会在 update 时发生改变，并且被频繁地进行 enable 和 disable 操作。

4．update

update 回调函数会在游戏每一帧渲染之前被触发。游戏开发的一个关键点是在每一帧渲染前更新物体的行为、状态和方位。这些更新操作通常都被放在 update 回调函数中。

5．lateUpdate

lateUpdate 回调函数会在游戏每一帧渲染之后被触发。update 会在所有的动画更新之前被执行，但如果我们要在动效（如动画、粒子、物理等）更新之后进行额外的操作，或者希望在执行完成所有组件的 update 之后进行其他操作，就需要用到 lateUpdate 回调函数。

6．onDisable

当组件的 enabled 属性从 true 变为 false 时，或者所在节点的 active 属性从 true 变为 false 时，会激活 onDisable 回调函数。

7．onDestroy

当组件或者所在节点调用了 destroy 函数时，回调函数 onDestroy 也会被调用，并在当前帧结束时统一回收组件。

2.5　本章小结

通过本章的学习，我们了解了 TypeScript 的基础知识，也掌握了 Cocos Creator 脚本组件的创建与使用。同时，我们还在项目中创建了第一个脚本组件，学习了如何让脚本组件与其他组件进行交互，并通过脚本组件对默认的 Label 文本进行了修改。最后我们还学到了脚本组件的生命周期的基础知识。

下一章我们将进一步学习 Cocos Creator 的基础知识，逐步了解一些常用的组件，并使用这些组件实现一个可以交互的简易小游戏。

第 3 章

2D 对象——对战小游戏
《击败魔物》

本章将介绍如何制作一个非常有趣的对战小游戏——《击败魔物》，这是我们制作的第一个小游戏。在制作的过程中，我们会学习如何导入资源、如何在游戏中使用图片资源、如何调整游戏的设计分辨率等，同时继续学习并使用一些常用的组件。相信在完成了这个小游戏之后，你一定可以感受到游戏开发的乐趣，并且加深对 Cocos Creator 游戏开发的理解。

3.1　模块简介及基础准备

3.1.1　游戏简介

《击败魔物》是一款简单有趣的对战小游戏，游戏中共存在三种招式，分别是：弓箭、流星锤、盾牌。每种招式间都存在相互克制的关系，弓箭可以击败缓慢的流星锤，但是会被盾牌克制；只有坚硬的流星锤才可以击败盾牌。游戏开始后敌人将会随机出招，我们需要从三种招式中选择一个与敌人的招式进行对抗，当我方招式克制对方时为获胜，若被克制则为失败，招式相同则为平局。游戏界面如图 3-1 所示。

图 3-1　游戏界面

3.1.2　游戏规则

《击败魔物》的游戏规则如下。

- 游戏开始后，玩家可以从弓箭、流星锤、盾牌中选择一个招式。
- 玩家选择招式后，敌人也随机出一个招式。
- 克制关系：弓箭克制流星锤，流星锤克制盾牌，盾牌克制弓箭。

- 玩家所出招式若克制敌人的招式则为胜利，若被克制则为失败，招式相同则为平局。

3.1.3　创建游戏项目

打开 Cocos Dashboard，点击【项目】选项卡，点击【新建】按钮打开项目创建面板，选择【Empty(2D)】模板，在将【项目名称】修改为【demo-003】之后点击【创建】按钮，如图 3-2 所示。

图 3-2　创建新项目

3.1.4　目录规划与资源导入

在通常情况下，为了能更好地管理游戏中要用到的资源文件，会在项目创建之初进行目录结构的规划，并通过创建文件夹对不同类型的资源进行分类。我们可以在 Cocos Creator 的资源管理器中右击，在弹出的快捷菜单中选择【创建】→【文件夹】命令，创建一个文件夹，如图 3-3 所示。

依次创建三个文件夹，并将它们分别命名为 scenes、scripts、sources。其中 scenes 文件夹用于存放场景资源，scripts 文件夹用于存放脚本资源，sources 文件夹用于存放游戏中需要用到的图片和粒子资源，文件夹创建完成之后，项目的目录结构如图 3-4 所示。

图 3-3　新建文件夹

图 3-4　项目的目录结构

在文件夹创建完成之后，我们就可以把需要用到的游戏素材导入项目中了，可以直接把素材资源拖动到资源管理器中的 sources 文件夹下，通过这种方式可以方便地将所需的素材进行导入，如图 3-5 所示。

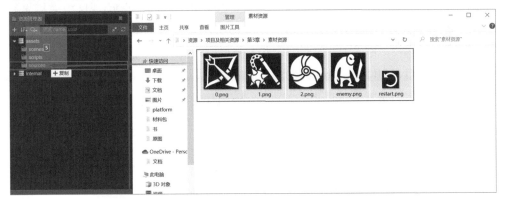

图 3-5　导入素材

当素材成功导入后，我们就可以在资源管理器中查看并使用相应的素材了，如图 3-6 所示。

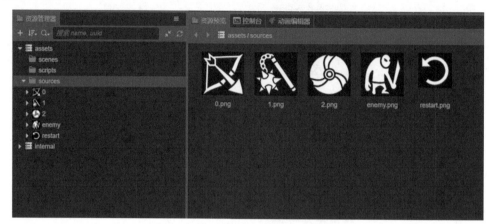

图 3-6   资源预览

3.2   使用图片资源

图片资源是游戏中常用的一类资源。在通常情况下，游戏中大部分的内容都需要使用各种图片资源来呈现。在上一节中，我们已经成功地将图片资源导入项目中，接下来我们将学习如何在 Cocos Creator 中使用已经导入的图片资源。

3.2.1   2D 对象的渲染

在 Cocos Creator 中，不涉及模型的图片渲染体统称为 2D 渲染对象。与 3D 对象不同，2D 对象本身不具有 model 信息，其顶点信息是由 UITransform 组件的 Rect 信息持有并由引擎创建的，且本身没有厚度。根据引擎的设计要求，2D 渲染对象需要作为 RenderRoot 节点（带有 RenderRoot2D/Canvas 组件的节点）的子节点才能完成数据的收集操作。即 2D 对象的渲染要求有以下两点。

（1）自身带有 UITransform 组件。

（2）需要作为带有 RenderRoot2D/Canvas 组件的节点的子节点。

3.2.2   向场景中添加图片

在 Cocos Creator 中，如果需要显示一张图片，则可以向场景中添加一个带有 Sprite 组件的节点，并将想要使用的图片资源绑定到 Sprite 组件上。

这里需要注意的是，由于 Sprite 组件是 2D 渲染组件，因此添加了 Sprite 组件的节点也必须作为 RenderRoot 节点的子节点存在。在向场景中添加图片资源之前，我们还需要创建一个内置的 Canvas 对象。

　　右击层级管理器，选择【创建】→【UI 组件】→【Canvas（画布）】命令，创建一个【Canvas】节点。创建完成后可以在场景编辑器中看到白色的高亮边框，这就是画布的显示区域，如图 3-7 所示。

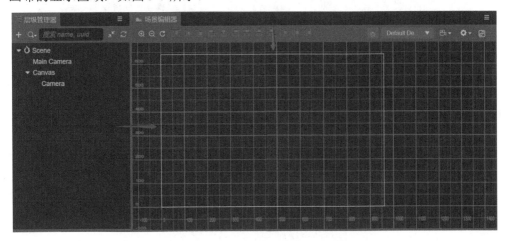

图 3-7　Canvas 画布的显示区域

　　将【enemy】图片资源从资源管理器中拖动到层级管理器的【Canvas】节点下，如图 3-8 所示。

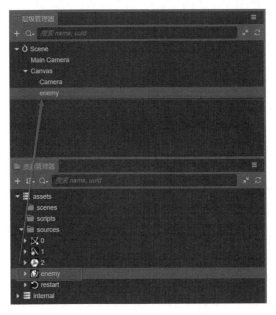

图 3-8　拖动 enemy 图片资源

这种方式可以为我们在场景中自动创建与图片资源同名的节点，同时创建的节点会被自动添加上 Sprite 组件，并为组件绑定对应的图片资源。因此，在完成节点创建的操作后，我们可以立刻在场景编辑器中看到刚刚拖动的图片资源，如图 3-9 所示。

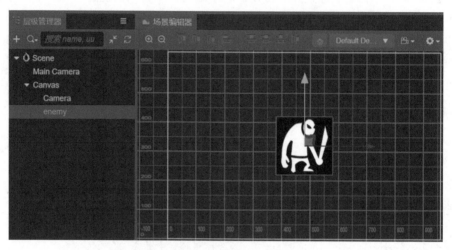

图 3-9　添加到场景中的图片资源

现在我们已经成功地为游戏场景添加了第一张图片，这个时候别忘了保存游戏场景，可以使用组合键"Ctrl+S"，将当前的场景文件保存到 scenes 文件夹下，并将其命名为【Game】，如图 3-10 所示。

图 3-10　保存【Game】场景

3.2.3　Sprite 组件简介

选中层级管理器中的【enemy】节点，可以在属性检查器中看到编辑器为我们自动添加的 Sprite（精灵）组件，如图 3-11 所示。

Sprite 是 2D/3D 游戏中最常见的显示图像的方式。通过在节点上添加 Sprite 组件，可以在场景中显示项目资源中的图片。我们可以看到 Sprite 组件的基础属性，如表 3-1 所示。

图 3-11　Sprite 组件

表 3-1　Sprite 组件的基础属性

属　　性	功　能　说　明
Type	渲染模式，包括普通（Simple）、九宫格（Sliced）、平铺（Tiled）和填充（Filled）四种模式
CustomMaterial	自定义材质
Grayscale	灰度模式，开启后 Sprite 会使用灰度模式进行渲染
Color	图片颜色
SpriteAtlas	Sprite 显示图片资源所属的图集
SpriteFrame	渲染 Sprite 使用的 SpriteFrame 图片资源
SizeMode	指定 Sprite 的尺寸： TRIMMED 表示会使用裁剪透明像素后的图片的尺寸； RAW 表示会使用未经裁剪的原始图片的尺寸； CUSTOM 表示会使用自定义尺寸。在用户手动修改 Size 属性后，SizeMode 会被自动设置为 CUSTOM，除非再次将其指定为前两种尺寸
Trim	是否渲染原始图像周围的透明像素区域

通过观察属性检查器中的【enemy】节点可以发现，Cocos Creator 在创建该节点时，为其 Sprite 组件下的【SpriteFrame】属性默认绑定了【enemy】的图片资源。如果想要替换默认绑定的图片资源，则可以手动将需要替换的图片资源拖动到【SpriteFrame】属性下，例如我们可以尝试拖动【restart】图片资源进行替换，如图 3-12 所示。

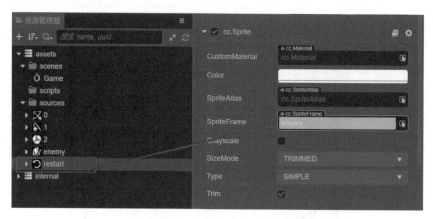

图 3-12　替换图片资源

在我们将【restart】图片资源拖动替换后，会发现场景中显示的图片也随即发生了改变，从原本的敌人的图片变成了重置按钮的图片。

这里需要注意的是，通过这种方式修改的图片资源并不会同步改变节点名，此时节点名还是 enemy，而图片资源已经变成了 restart。在通常情况下，节点名应该与其图片名保持一致或相近，而不是使用这种容易混淆的命名方式，这里仅仅是演示，在实际项目中并不提倡这种做法。因此我们再次将【enemy】图片资源拖动回去，或者使用组合键"Ctrl+Z"撤销刚才的操作。

3.2.4　UITransform 组件简介

在属性检查器中，我们还可以看到【enemy】节点上被自动添加了另一个组件，即 UITransform 组件，如图 3-13 所示。

图 3-13　UITransform 组件

UITransform 组件简称为 UI 变换组件，它定义了 UI 上的矩形信息，包括矩形的内容尺寸和锚点位置。一般用于渲染、计算点击事件、调整界面布局及屏幕适配等。我们可以通过 UI 变换组件对图片的大小、位置进行修改。UITransform 组件的基础属性如表 3-2 所示。

表 3-2　UITransform 组件的基础属性

属　　性	功　能　说　明
ContentSize	UI 矩形的内容尺寸
AnchorPoint	UI 矩形的锚点位置

在通常情况下，我们可以通过修改 UI 变换组件的参数调整 2D 对象的大小。接下来尝试在属性检查器中将【ContentSize】的值进行调整，并将【W】和【H】的值都修改为【220】，如图 3-14 所示。

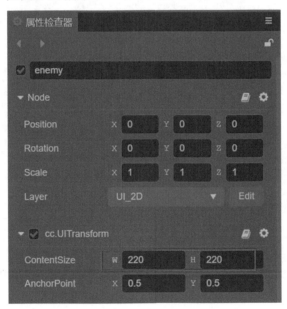

图 3-14　修改【ContentSize】的值

修改完成后，我们会发现场景中的 enemy 的大小也随之发生了改变。

3.3　完善场景布局

现在我们已经学会了如何向场景中添加图片，接下来继续为游戏场景添加更多的元素，并进一步完善场景布局。

3.3.1 修改游戏设计分辨率

在通常情况下，为了方便场景的搭建工作，在开发游戏之前会选择一个合适的分辨率来作为蓝本，并以此为基础进行整体界面的搭建，而作为蓝本的分辨率也被称为设计分辨率。在本章中，我们将采用比较主流的 1280px×720px 分辨率。

根据前面预览运行的效果，不难发现预览运行时展示的内容区域与编辑器中的 Canvas 区域是一致的。这个时候我们会很自然地联想到，如果直接修改 Canvas 的尺寸，或许就可以达到间接修改设计分辨率的目的。当我们尝试在层级管理器中选中【Canvas】节点时，会发现节点下的 UI 变换组件的【ContentSize】有一个"锁"图标，输入框也是灰色的，因此我们并不能直接对该属性进行修改，如图 3-15 所示。

图 3-15　无法直接修改【ContentSize】

在 Cocos Creator 中，如果想要修改游戏中的分辨率，则需要在项目设置中进行统一配置。在编辑器顶部选择【项目】→【项目设置】命令，打开项目设置面板，在【项目数据】选项卡中可以直接修改游戏的设计分辨率，如图 3-16 所示。

现在将【设计宽度】和【设计高度】的值分别修改为【720】和【1280】，修改完成后回到场景，再次选中【Canvas】组件，此时我们会发现游戏场景区域的宽高比已经发生了变化，同时 Canvas 里的 UI 变换组件的属性也同步发生了改变，如图 3-17 所示。

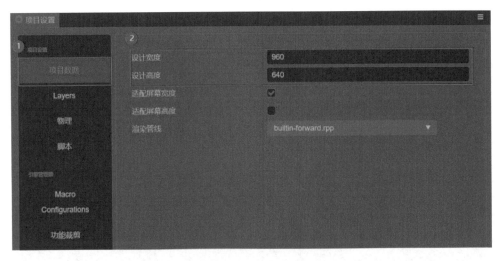

图 3-16　项目设置面板

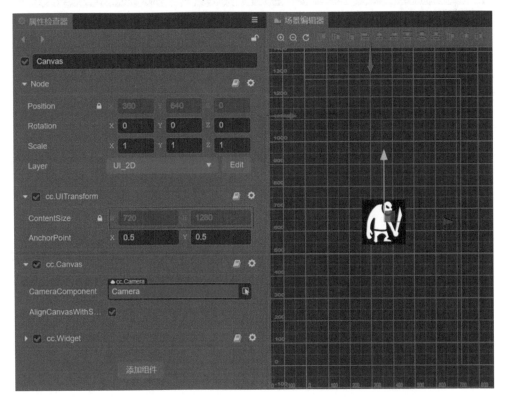

图 3-17　同步变化的 UI 变换组件的属性

这里需要注意的是，此时游戏的设计分辨率已经产生了变化，当我们再次预览运行时，由于游戏区域超出了浏览器的显示范围，浏览器可能会有显示不全并且出现滚动条的情况，如图 3-18 所示。

图 3-18　游戏区域超出了浏览器的显示范围

此时可以通过 Chrome 预览窗口左上角的下拉菜单调整预览分辨率，根据实际需求选择一个合适的分辨率即可。在该项目中我们可以选择 iPhone 8 标准的预览分辨率选项，如图 3-19 所示。

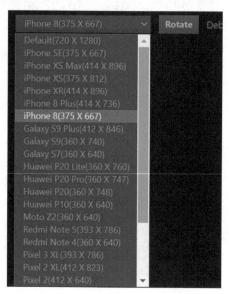

图 3-19　调整预览分辨率

3.3.2　使用变换工具

在搭建游戏场景的过程中，经常会有对节点进行移动、旋转、缩放等操作的需求，这个时候我们可以通过主窗口左上角工具栏的变换工具来操作场景中的相关节点。工具栏中从左往右依次为移动变换工具、旋转变换工具、缩放变换工具、矩形变换工具、变换吸附设置，如图 3-20 所示。

图 3-20 变换工具栏

在默认状态下，移动变换工具是处于激活状态的，在层级管理器中选中需要移动的节点，就可以使用移动变换工具来对当前节点进行移动了。如果移动变换工具并没有处于激活状态，那么我们也可以通过点击工具栏的第一个按钮进行激活，或者使用组合键 "Ctrl+W"，将变换工具切换为移动变换工具。

在确保移动变换工具被激活后，我们可以通过移动鼠标将【enemy】节点拖动到游戏场景的上方。如果仔细观察将会发现，在移动的过程中，【enemy】节点上的【Position】属性也会随之变化，这说明移动变换工具会在我们操作时动态地修改节点坐标的位置，如图 3-21 所示。

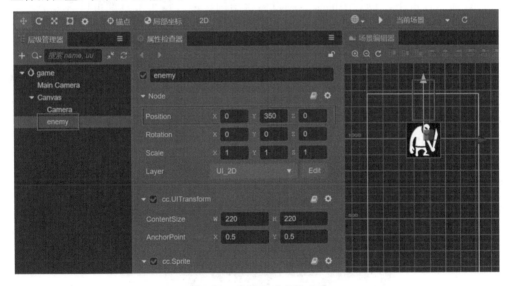

图 3-21 使用移动变换工具

依次将三个技能图标及重新开始图标拖动到游戏场景中，之后使用同样的方式操作移动变换工具，将图标调整到合适的位置，完成后如图 3-22 所示。

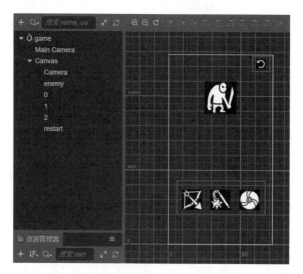

图 3-22　添加游戏图标

3.3.3　父节点与子节点变换关系

在通常情况下，场景中的节点会以树状结构呈现。每个节点都可以有多个子节点，而子节点的更新依赖于父节点，当父节点进行变换时子节点会随之变换。我们可以利用这个特性间接地批量调整子节点的位置。

在了解了这一特性后，我们继续在场景中添加敌人的招式图标。首先在【Canvas】节点下新建一个空节点并命名为【enemy_skill】，然后在【enemy_skill】下依次添加三个技能的图片作为其子节点，最后只需要使用移动变换工具操作【enemy_skill】节点，即可完成所有技能图标的整体移动，完成后如图 3-23 所示。

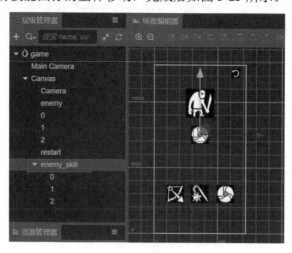

图 3-23　enemy_skill 节点

3.3.4　节点的遮挡关系

我们已经向 enemy_skill 中添加了三个节点，由于它们的坐标默认重叠在了一起，因此我们只能看到一个图标，但是为什么看到的是最后一个添加的盾牌图标呢？

这是因为在 Cocos Creator 中，UI 节点的渲染和遮挡关系会受到节点树的影响，从而按照层级管理器中节点的排列顺序从上到下依次渲染，也就是说在列表上面的节点在场景显示中会被在列表下面的节点遮盖住。我们向 enemy_skill 中添加了三个节点，由于默认状态下它们的坐标是一致的，且盾牌图标的节点处于最下方，因此我们只看到了盾牌图标。

现在可以尝试修改 enemy_skill 子节点的顺序来观察遮挡关系的变化。例如，可以将代表盾牌的 2 号节点移动到流星锤的上方，由于节点的排列顺序发生了变化，因而遮挡关系也会随之改变，可以看到此时流星锤图标已经显示了出来，如图 3-24 所示。

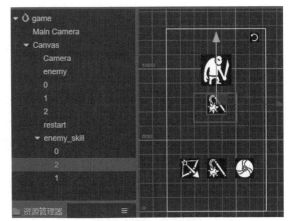

图 3-24　遮挡关系发生变化

3.3.5　添加提示文本

我们制作的游戏场景比较简单，为了能够向玩家反馈游戏结果，还需要在游戏中添加提示文本信息。这里我们可以使用 Label 组件，右击【Canvas】节点，在弹出的快捷菜单中选择【创建】→【2D 对象】→【Label（文本）】命令，创建一个 Label 组件，并将其命名为【hint】。可以在属性检查器中看到 Label 组件的相关属性，如表 3-3 所示。

表 3-3　Label 组件的相关属性

属　　　　性	功　能　说　明
CustomMaterial	自定义材质
Color	文字颜色
String	文本内容字符串
HorizontalAlign	文本的水平对齐方式。可选值有 LEFT、CENTER 和 RIGHT
VerticalAlign	文本的垂直对齐方式。可选值有 TOP、CENTER 和 BOTTOM
FontSize	文本字体大小
FontFamily	文字字体名称。在使用系统字体时生效

续表

属　　性	功　能　说　明
LineHeight	文本的行高
Overflow	文本的排版方式。目前支持 CLAMP、SHRINK 和 RESIZE_HEIGHT
EnableWrapText	是否开启文本换行。在排版方式设为 CLAMP、SHRINK 时生效
Font	指定文本渲染需要的字体资源。如果使用系统字体，则此属性可以为空
UseSystemFont	布尔值，是否使用系统字体
CacheMode	文本缓存类型。仅对系统字体或 TTF 字体有效，BMFont 字体无须进行此优化。包括 NONE、BITMAP、CHAR 三种模式
IsBold	文字是否加粗。支持系统字体以及部分 TTF 字体
IsItalic	文字是否倾斜。支持系统字体以及 TTF 字体
IsUnderline	文字是否加下画线。支持系统字体以及 TTF 字体

在属性检查器中将 Label 的【FontSize】和【LineHeight】属性的值都修改为【40】，之后将【String】属性修改为【出招中...】，如图 3-25 所示。

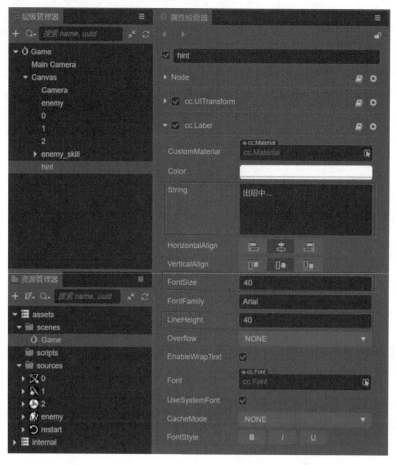

图 3-25　调整 Label 的属性

3.4　实现游戏核心逻辑

在上一小节中，我们已经将游戏的场景基本搭建完毕，接下来我们就可以为游戏编写代码并实现相关的核心逻辑了。

3.4.1　使用计时器

在游戏开始后，敌人的招式图片会随机变化。为了实现这一效果，我们可以每隔一段时间随机地显示三个招式的任意一个，并隐藏其余两个，从而实现招式不停变化的效果。

在 Cocos Creator 中，如果想要每隔一段时间触发一些行为，则可以使用计时器函数来实现。我们可以通过计时器在固定的时间间隔重复执行某个行为，只需要在计时器的回调中将 enemy_skill 子节点进行随机显示与隐藏即可。

在资源管理器的 scripts 文件夹下创建 Game 脚本，然后将脚本挂载到 Canvas 节点上，完成后如图 3-26 所示。

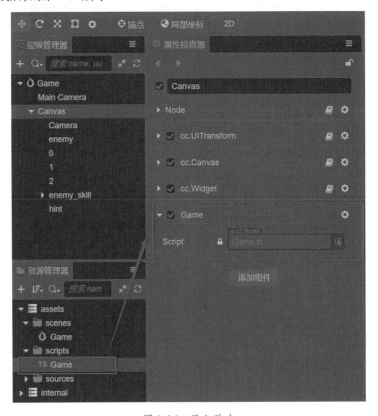

图 3-26　添加脚本

接着对 Game 脚本进行编写，代码如下。

```
@ccclass('Game')
export class Game extends Component {

    @property({ type: Node })
    private enemySkillNode: Node = null; // 绑定 enemy_skill 节点

    private enemyAttackType = 0; // 敌人招式 0：弓箭，1：流星锤，2：盾牌
    private timer = null; // 计时器

    start() {
        // 启动计时器，每 0.1s 执行一次
        this.timer = setInterval(() => {
            this.randEnemyAttack();
        }, 100);
    }

    // 敌人随机招式
    randEnemyAttack() {
        this.enemyAttackType = Math.floor(Math.random() * 3); // 给敌
人随机招式 0~2

        let children = this.enemySkillNode.children; // 获取
enemySkillNode 下的所有子节点
        children.forEach(childNode => {
            // 如果节点名字与随机招式的编号一致则显示，否则将节点进行隐藏
            if (childNode.name == this.enemyAttackType.toString()) {
                childNode.active = true;
            } else {
                childNode.active = false;
            }
        });
    }
}
```

脚本编写完成后，在属性检查器中将 enemy_skill 节点绑定到脚本上，之后预览运行，此时敌人的招式图标已经可以随机变化了。

在上面的代码中我们使用了计时器 setInterval 的方法，该方法会按照固定的周期（单位为毫秒）不停地调用 randEnemyAttack 函数，直到 clearInterval 被调用。同

时，由 setInterval 返回的 id 值可以作为 clearInterval 的参数，因此我们事先定义了 timer
变量对其进行存储，以便后续进行相关处理。

3.4.2　使用 Button 组件

现在敌人已经可以进行随机出招了，接下来就需要为游戏添加相应的点击交互
效果了。在游戏中，我们希望在玩家点击三个技能中的任意一个后，由系统选定该
招式为我方出招，同时使用选定的招式与敌人当前的招式进行比拼。

为了实现这一效果，我们需要在玩家点击任意一个招式时，触发事先编写的逻
辑代码。在通常情况下，我们可以通过 Button 组件来实现这种交互效果。同时，为
了给 Button 添加相应的响应函数事件，我们还需要在 Game 脚本中添加如下代码。

```
@property({ type: Label })
private hintLabel: Label = null; // 绑定 hint 节点

// 出招按钮响应函数
attack(event, customEventData) {
    if (!this.timer) {
        return;
    }

    clearInterval(this.timer);
    this.timer = null;

    let pkRes = 0; // 0：平, 1：赢, -1：输
    let attackType = event.target.name; // 获取目标节点的 name

    if (attackType == 0) {
        if (this.enemyAttackType == 0) {
            pkRes = 0;
        } else if (this.enemyAttackType == 1) {
            pkRes = 1;
        } else if (this.enemyAttackType == 2) {
            pkRes = -1;
        }
    } else if (attackType == 1) {
        if (this.enemyAttackType == 0) {
            pkRes = -1;
        } else if (this.enemyAttackType == 1) {
```

```
        pkRes = 0;
    } else if (this.enemyAttackType == 2) {
        pkRes = 1;
    }
} else if (attackType == 2) {
    if (this.enemyAttackType == 0) {
        pkRes = 1;
    } else if (this.enemyAttackType == 1) {
        pkRes = -1;
    } else if (this.enemyAttackType == 2) {
        pkRes = 0;
    }
}

if (pkRes == -1) {
    this.hintLabel.string = '失败';
} else if (pkRes == 1) {
    this.hintLabel.string = '胜利';
} else {
    this.hintLabel.string = '平局';
}

}
```

代码添加完成后，在属性检查器中将 hint 节点绑定到脚本上。之后需要依次为技能图标添加 Button 组件。此处以弓箭图标为例，在层级管理器中选中弓箭图标节点，选择【添加组件】→【UI】→【Button】命令，即可为节点添加 Button 组件，如图 3-27 所示。

Button 组件的相关属性如表 3-4 所示。

表 3-4 Button 组件的相关属性

属　　性	功 能 说 明
Target	Node 类型，当 Button 发生 Transition 的时候，会相应地修改 Target 节点的 SpriteFrame、颜色或者 Scale
Interactable	布尔类型，设为 false 时，Button 组件进入禁用状态
Transition	枚举类型，包括 NONE、COLOR、SPRITE 和 SCALE，每种类型对应不同的 Transition 设置
ClickEvents	列表类型，默认为空，用户添加的每一个事件都由节点引用、组件名称和一个响应函数组成

图 3-27　添加 Button 组件

为 ClickEvents 添加参数 1 后，可以在展开项中看到表 3-5 所示的属性。

表 3-5　ClickEvents 展开项的属性

属　　性	功　能　说　明
Target	带有脚本组件的节点
Component	脚本组件的名称
Handler	指定一个回调函数，当用户点击 Button 并释放时会触发此函数
CustomEventData	用户指定任意的字符串作为事件回调的最后一个传入参数

接着将组件的【Transition】属性修改为【SCALE】，同时为【ClickEvents】绑定
【Game】脚本中的【attack】函数，并将【CustomEventData】的值修改为代表弓箭图
标的编号【0】，如图 3-28 所示。

使用同样的方式为其余两个技能图标添加 button 组件，再次预览运行，此时我
们就可以与敌人进行比拼了。

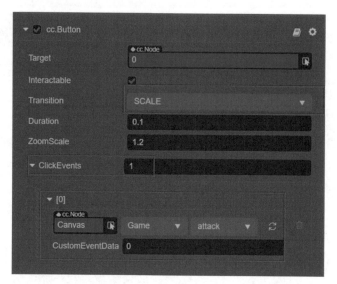

图 3-28　调整 Button 属性

3.4.3　添加"重新开始"功能

现在我们的游戏已经可以玩起来了，不过每次结束比拼后就不可以继续进行游戏了，因此需要为游戏的【重新开始】按钮实现对应的逻辑功能。可以直接使用 loadScene 函数对 Game 场景进行加载，实现"重新开局"的效果。

为 Game 脚本添加如下代码。

```
// 重新加载场景
restart() {
    director.loadScene('Game');
}
```

为场景右上角的【重新开始】按钮绑定 restart 函数，即可实现重新开始的功能了。这里需要注意的是，使用 loadScene 加载的场景名是区分大小写的，如果加载的场景名不一致或者不存在，则无法进行加载。

3.4.4　小节代码一览

在本小节中，Game 脚本的最终代码如下所示。

```
import { _decorator, Component, Node, Label, director } from 'cc';
const { ccclass, property } = _decorator;

@ccclass('Game')
export class Game extends Component {
```

```
@property({ type: Node })
private enemySkillNode: Node = null; // 绑定 enemy_skill 节点

@property({ type: Label })
private hintLabel: Label = null; // 绑定 hint 节点

private enemyAttackType = 0; // 敌人招式 0：弓箭，1：流星锤，2：盾牌
private timer = null; // 计时器

start() {
    // 启动计时器，每 0.1s 执行一次
    this.timer = setInterval(() => {
        this.randEnemyAttack();
    }, 100);
}


// 敌人随机招式
randEnemyAttack() {
    this.enemyAttackType = Math.floor(Math.random() * 3); // 给敌
人随机招式 0~2

    let children = this.enemySkillNode.children; // 获取
enemySkillNode 下的所有子节点
    children.forEach(childNode => {
        // 如果节点名字与随机招式的编号一致则显示，否则节点被隐藏
        if (childNode.name == this.enemyAttackType.toString()) {
            childNode.active = true;
        } else {
            childNode.active = false;
        }
    });
}


// 出招按钮响应函数
attack(event, customEventData) {
    if (!this.timer) {
        return;
    }
```

```
        clearInterval(this.timer);
        this.timer = null;

        let pkRes = 0; // 0：平，1：赢，-1：输
        let attackType = event.target.name; // 获取目标节点的 name

        if (attackType == 0) {
            if (this.enemyAttackType == 0) {
                pkRes = 0;
            } else if (this.enemyAttackType == 1) {
                pkRes = 1;
            } else if (this.enemyAttackType == 2) {
                pkRes = -1;
            }
        } else if (attackType == 1) {
            if (this.enemyAttackType == 0) {
                pkRes = -1;
            } else if (this.enemyAttackType == 1) {
                pkRes = 0;
            } else if (this.enemyAttackType == 2) {
                pkRes = 1;
            }
        } else if (attackType == 2) {
            if (this.enemyAttackType == 0) {
                pkRes = 1;
            } else if (this.enemyAttackType == 1) {
                pkRes = -1;
            } else if (this.enemyAttackType == 2) {
                pkRes = 0;
            }
        }

        if (pkRes == -1) {
            this.hintLabel.string = '失败';
        } else if (pkRes == 1) {
            this.hintLabel.string = '胜利';
        } else {
            this.hintLabel.string = '平局';
        }
    }
```

```
    // 重新加载场景
    restart() {
        director.loadScene('Game');
    }
}
```

3.5　本章小结

通过本章的学习，我们制作了一个简单有趣的对战小游戏。在制作过程中，我们学会了如何调整游戏的设计分辨率、变换工具的基础使用方法以及如何使用 Label 组件与 Button 组件进行交互。

这是我们一起制作的第一个小游戏，虽然游戏本身并不复杂，但是相信你在这个过程中一定感受到了制作游戏的乐趣，同时加深了对 Cocos Creator 游戏开发的理解。这是一个好的开始，下一章我们将继续学习更有趣的游戏开发知识。

第 4 章

缓动系统——反应小游戏
《爆破点点》

本章将介绍如何制作一个非常有趣的反应小游戏——《爆破点点》。在制作过程中，我们将会学习如何为游戏添加触摸响应、如何制作缓动动画、如何实现得分统计等。最后，我们还会使用粒子系统，为游戏添加简单的爆破效果，让游戏变得更加生动。相信本章的内容一定可以让你继续感受游戏开发的乐趣，同时帮助你进一步提升游戏开发能力。

4.1　模块简介及基础准备

4.1.1　游戏简介

《爆破点点》是一款非常有趣的反应小游戏。在游戏开始后，屏幕中会出现一个左右移动的敌人，玩家需要看准时机向敌人发射子弹，通过子弹消灭敌人并不断获取更高的分数。为了增加游戏的挑战性，在每次刷新敌人之后玩家只能获得一枚子弹，当子弹击中敌人时玩家将会获得 1 分，同时再次刷新敌人并分配给玩家一枚子弹，反之则会直接结束游戏，如图 4-1 所示。

4.1.2　游戏规则

《爆破点点》的游戏规则如下。

- 每局游戏开始后生成一个左右移动的敌人及一枚可以发射的子弹。
- 点击屏幕时子弹会向上方发射。
- 子弹撞击到顶部尖刺时会被销毁，同时游戏失败。
- 子弹击中敌人时，敌人与子弹会同时被销毁，玩家获得 1 分，此后重新生成新的敌人与子弹，游戏继续。

图 4-1　游戏最终效果

4.1.3　创建游戏项目

打开 Cocos Dashboard，点击【项目】选项卡，点击【新建】按钮打开项目创建面板，选择【Empty(2D)】模板，在将【项目名称】修改为【demo-004】之后点击【创建】按钮，如图 4-2 所示。

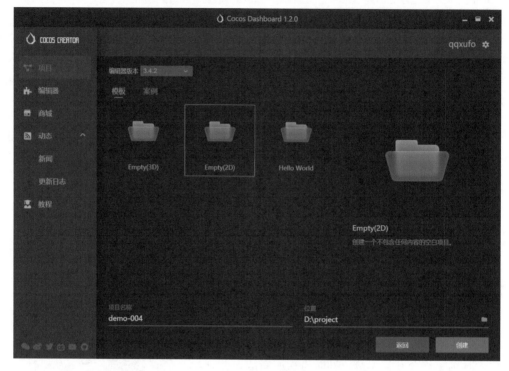

图 4-2 创建新项目

4.1.4 目录规划与资源导入

在资源管理器中依次创建三个文件夹，并将其分别命名为 scenes、scripts、sources，其中 scenes 文件夹用于存放场景资源，scripts 文件夹用于存放脚本资源，sources 文件夹用于存放游戏中需要用到的图片资源。在文件夹创建完成后，将游戏中需要用到的图片资源导入 sources 文件夹中，完成后如图 4-3 所示。

图 4-3 资源预览

4.1.5　场景初始化

在编辑器顶部选择【项目】→【项目设置】→【项目数据】命令，进入项目数据调整面板，在面板中分别将【设计宽度】和【设计高度】修改为【720】和【1280】。

右击层级管理器，在弹出的快捷菜单中选择【创建】→【UI 组件】→【Canvas（画布）】命令，创建一个 Canvas 节点。创建完成后使用组合键"Ctrl+S"保存当前场景到 scenes 文件夹下，并将场景命名为【Game】。

4.2　搭建场景布局

接下来我们将为游戏搭建基础的场景布局，并在搭建场景的过程中学习常用的场景操作知识。

4.2.1　制作纯色背景

在本章的游戏中，我们会用到一个蓝灰色的背景图，不过我们在导入资源时并没有将任何的背景图片进行导入。通常情况下，在制作游戏原型时，往往不需要过于花哨的背景，直接使用 Cocos Creator 内置的单色对象，就可以制作出具有一定辨识度的纯色背景。

右击【Canvas】节点，在弹出的快捷菜单中选择【创建】→【2D 对象】→【SpriteSplash（单色）】命令，创建一个单色节点，并将其名字修改为【bg】，如图 4-4 所示。

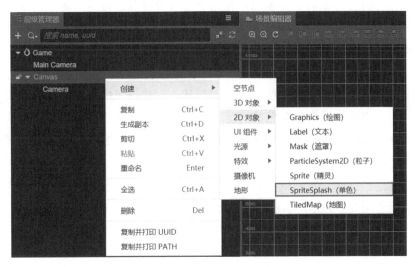

图 4-4　创建单色 2D 对象

　　然后在层级管理器中选中刚才创建的【bg】节点，此时我们可以在属性检查器中看到内置的单色对象。与拖动图片资源生成的节点一样，内置的单色对象也是 Sprite 组件的一个载体，只不过它使用的图片资源是内置的纯色图片，如图 4-5 所示。

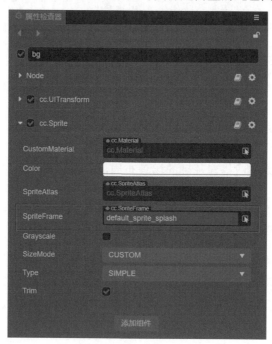

图 4-5　单色对象的 Sprite 组件

　　点击【bg】节点中的 Sprite 组件上的颜色属性预览框，即【Color】属性右侧的"白条"，此时将会弹出取色器窗口。在这个窗口中可以直接点击需要的颜色，或在下面的 RGBA 对应的颜色文本框中输入指定的颜色。点击取色器窗口以外的任何位置会关闭该窗口，并以最后选定的颜色为 Color 属性的值。

　　如果仔细观察就会发现，每当我们对颜色进行调整时，Hex 的值都会随之变化。而 Hex 值就是我们所选颜色的十六进制颜色码，它代表了当前颜色在计算机中的名称。因此，在事先知道目标颜色的情况下，直接调整 Hex 的值可以精确地获取相应的颜色。这里我们直接将【Hex】修改为【#282D33】，以此来获取需要的背景颜色，如图 4-6 所示。

　　经过前面的操作，我们就得到了一个 100px×100px 的蓝灰色正方形纯色块。由于我们需要使用 bg 节点作为游戏的背景，显然目前 100px×100px 的尺寸并不能满足需求；因此，我们希望它作为背景可以铺满整个屏幕，即和游戏的设计分辨率保持一致。

　　接下来直接在 bg 节点的 UI 变换组件上修改它的尺寸，将其修改为 720px×1280px，待修改完成后，我们就得到了一个和设计分辨率一致的纯色背景节点，如图 4-7 所示。

图 4-6　修改 Color 属性

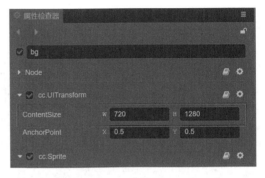

图 4-7　修改背景节点尺寸

4.2.2　添加子弹与敌人

在背景制作完成后，依次将资源管理器中的【bullet】及【enemy】图片资源拖动到【bg】节点下，并调整对应的参数，后续它们将会分别作为游戏中的子弹与敌人。

bullet 的相关参数为：尺寸 72px×72px，颜色#5EA851，坐标(0,-340,0)。

enemy 的相关参数为：尺寸 107px×107px，颜色#F1DC99，坐标(0,260,0)。

4.2.3　添加尖刺元素

为了使游戏的整体界面看起来不会太"空"，我们将会在游戏场景的顶部与底部分别增加一排尖刺。我们需要在场景中添加多个尖刺节点，为了便于管理这些尖刺节点，可以先在 bg 节点下创建一个空节点 top_spikes，并将其用于存放顶部的 spike 节点。

待 top_spikes 创建完成后，从资源管理器中将 spike 图片资源拖动到 top_spikes 节点下，从而生成第一个尖刺节点。之后我们需要以第一个尖刺节点为副本，再复制 4 个尖刺节点。可以通过选中【spike】节点，使用组合键"Ctrl+D"进行复制，也可以通过右击【spike】节点，在弹出的快捷菜单中选择【生成副本】命令进行复制。

尖刺复制完成后，在默认情况下它们的坐标是重叠的，此时我们只能看到一个尖刺，后续还需要对这些尖刺节点的位置进行调整。为了便于管理尖刺的位置，我们将直接调整父节点 top_spikes 的纵坐标，从而控制整体尖刺组的纵向位置。对于其下的子节点尖刺，则分别调整它们的横坐标。

我们可以先通过操作父节点 top_spikes，将所有的子节点的纵轴整体移动到合适的位置。在层级管理器中选中【top_spikes】节点，将其移动到(0,590,0)，即游戏场景的最上方，如图 4-8 所示。

图 4-8　调整 top_spikes 的位置

当我们操作父节点时，场景中的子节点会跟随父节点同时移动，即当我们移动 top_spikes 节点时，由于 spike 节点处于 top_spikes 节点下，因此 spike 节点会作为 top_spikes 节点的子节点跟随父节点 top_spikes 移动。

调整好纵轴的位置后，接下来我们就可以依次调整 top_spikes 的 spike 子节点的横坐标了，从左到右的坐标位置依次为(0,-260,0)、(0,-130,0)、(0,0,0)、(0,130,0)、(0,260,0)。

完成上方尖刺组之后，我们就可以通过复制的方式快速生成下方尖刺组了，复制一份 top_spikes 节点，将名字修改为 bottom_spikes，并将尖刺移动到底部，如图 4-9 所示。

由于底部尖刺组是从 top_spikes 复制的，因此当前所有的尖刺都是默认朝下的，而我们希望底部尖刺的方向朝上，目前的情况显然不符合需求。此时可以在属性检查器中将 bottom_spikes 的【Scale】属性的 Y 值改为【-1】，以此来让下方尖刺组的图像进行上下镜像，如图 4-10 所示。

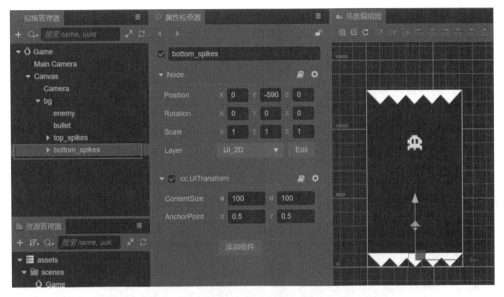

图 4-9　复制尖刺组

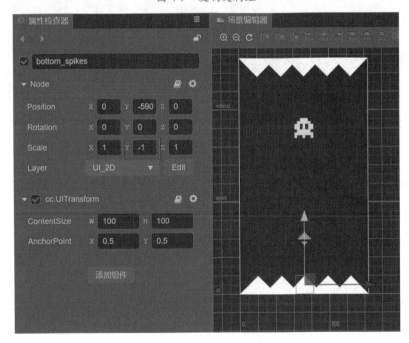

图 4-10　上下镜像后的下方尖刺组

4.2.4　批量调整节点属性

现在我们已经成功地为场景添加了两排尖刺，虽然默认的白色看起来效果也不错，不过如果我们遇到了需要修改尖刺颜色的需求，如何才能快速地将它们都调整为预期的颜色呢？

由于场景中存在多个尖刺节点，若是手动对每个尖刺节点的颜色进行修改，显然是一件十分烦琐的事情。此时我们可以使用编辑器的批量修改功能，对同类型的节点属性进行统一修改。

首先在层级管理器中选中第一个【spike】节点，接着按住 Shift 键，同时选中最后一个【spike-004】节点，当多个节点处于高亮状态时，我们就完成了对这些节点的批量选择。

尝试在属性检查器中，将【Color】修改为【#696C71】，通过这种方式将会批量地对所选节点的颜色属性进行修改，如图 4-11 所示。

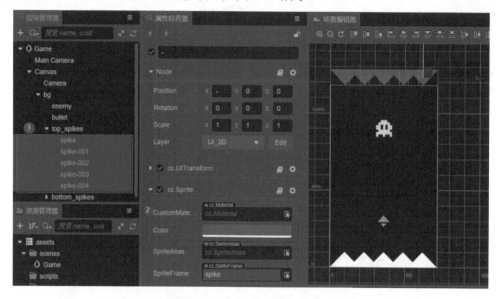

图 4-11　批量修改节点属性

4.3　触摸事件的响应

现在我们已经搭建好了游戏的基础场景，是时候来为我们的游戏编写逻辑代码了。在这个小游戏中，玩家点击屏幕后会发射子弹，当子弹撞击到敌人时即可获得相应的分数。由于这个功能需要使用触摸事件，在编写后续的子弹发射与得分的逻辑代码之前，让我们先来实现触摸行为的监听与响应逻辑。

4.3.1　事件系统简介

在 Cocos Creator 中，事件是游戏中触发特定行为时发出的消息，例如用户产生的输入行为：键盘、鼠标、触摸等，都会以事件的形式发送到程序。在代码中，我们可以监听对应的事件消息，并在事件发生时调用函数。

事件系统是 Cocos Creator 内置的委派机制，它允许事件监听者对事件发送者发出的消息进行响应，且无须相互引用。通过使用事件系统，可以降低代码的耦合度，使代码更加地灵活。

例如，在一些 RPG 游戏中，我们可以通过事件系统来制作经验获取模块，将经验值的获取作为事件，而在经验升级的代码处判断监听，当收到经验增加的消息时，则对经验值进行累加，并判断是否可以升级。通过这种方式将经验值的获取解耦，可以极大地提高经验系统的灵活性。在游戏开始时，我们只需要处理经验升级并判断监听，而不管以后增加多少个获取经验值的方式，都可以通过推送事件来完成处理。

4.3.2　监听和发射事件

Cocos Creator 引擎提供了 EventTarget 类，用以实现事件的相关功能。引擎内部的事件监听与发射系统都是基于该类实现的，例如提供全局输入事件系统的 input 对象，以及 Node 上的事件监听系统。

当然，我们也可以通过使用该类来实现自定义事件的监听和发射。在使用之前，需要先从 cc 模块中导入，同时实例化一个 EventTarget 对象。

```
import { EventTarget } from 'cc';
const eventTarget = new EventTarget();
```

监听事件可以通过 on 接口来实现，而当我们不再关心某个事件时，可以使用 off 接口关闭对应的监听事件，方法如下。

```
// 该监听事件每次都会触发，需要手动取消注册
eventTarget.on(type, func, target);
// 取消对象上所有注册了该类型的事件
eventTarget.off(type);
// 取消对象上该类型的回调函数指定的目标的事件
eventTarget.off(type, func, target);
```

监听事件的 type 为事件注册字符串，func 为执行监听事件的回调函数，target 为事件接收对象。如果没有设置 target，则回调里的 this 指向的是当前执行的回调函数的对象。需要注意的是，off 方法的参数必须和 on 方法的参数一一对应，才能完成关闭。

发射事件可以通过 emit 接口实现，方法如下。

```
// 事件发射的时候可以指定事件参数，最多能支持 5 个事件参数
eventTarget.emit(type, ...args);
```

在资源管理器的 scripts 文件夹下创建 Game 脚本，将脚本挂载到 Canvas 节点上，完成后如图 4-12 所示。

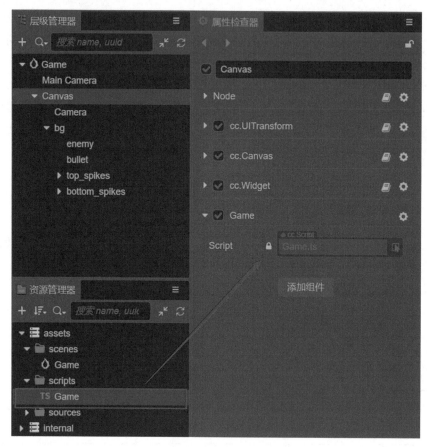

图 4-12　添加脚本

接着对 Game 脚本进行编写，代码如下。

```
import { _decorator, Component, EventTarget } from 'cc';
const { ccclass, property } = _decorator;
const eventTarget = new EventTarget();

@ccclass('Game')
export class Game extends Component {
    private user_exp = 0;

    onLoad() {
        eventTarget.on('incr_exp', (exp) => {
            this.user_exp += exp;
```

```
        console.log('获得了' + exp + '点经验，当前经验值：' +
this.user_exp);
        });
    }

    start() {
        eventTarget.emit('incr_exp', 5);
        setInterval(() => {
            eventTarget.emit('incr_exp', 1);
        }, 1000);
    }
}
```

代码编写完成后尝试预览运行，我们将会发现脚本在运行之后会立刻为玩家增加 5 点经验值，此后每隔 1s 将会为玩家增加 1 点经验值。

4.3.3　输入事件系统

在 Cocos Creator 3.4.0 中，input 对象实现了 EventTarget 的事件监听接口，通过 input 对象可以直接监听全局的系统输入事件。全局输入事件是指与节点树不相关的各种输入事件，由 input 统一派发，目前支持的事件有：鼠标事件、触摸事件、键盘事件、设备重力传感事件。

所有的全局输入事件都可以通过接口 input.on(type, callback, target)注册。可选的 type 类型如表 4-1 所示。

表 4-1　可选的 type 类型

输　入　事　件	type 类型
鼠标事件	Input.EventType.MOUSE_DOWN
	Input.EventType.MOUSE_MOVE
	Input.EventType.MOUSE_UP
	Input.EventType.MOUSE_WHEEL
触摸事件	Input.EventType.TOUCH_START
	Input.EventType.TOUCH_MOVE
	Input.EventType.TOUCH_END
	Input.EventType.TOUCH_CANCEL
键盘事件	Input.EventType.KEY_DOWN
	Input.EventType.KEY_PRESSING
	Input.EventType.KEY_UP
设备重力传感事件	Input.EventType.DEVICEMOTION

在本章的游戏中，我们需要获取玩家的点击事件。通过分析不难发现，我们可

以从鼠标事件和触摸事件中选择其中一个来满足需求。由于触摸事件在移动端和 PC 端都会触发，且没有监听鼠标滚轮响应的需求，若选择触摸事件，则可同时响应移动端的触摸事件和 PC 端的鼠标点击事件，因此我们选择使用触摸事件。

将 Game 脚本的代码进行替换，代码如下。

```
import { _decorator, Component, Input, input } from 'cc';
const { ccclass, property } = _decorator;

@ccclass('Game')
export class Game extends Component {
    onLoad() {
        // 手指触点落在目标节点区域内时
        input.on(Input.EventType.TOUCH_START, (event) => {
            console.log('TOUCH_START');
        }, this);

        // 手指在屏幕上移动时
        input.on(Input.EventType.TOUCH_MOVE, (event) => {
            console.log('TOUCH_MOVE');
        }, this);

        // 手指在目标节点区域内离开屏幕时
        input.on(Input.EventType.TOUCH_END, (event) => {
            console.log('TOUCH_END');
        }, this);

        // 手指在目标节点区域外离开屏幕时
        input.on(Input.EventType.TOUCH_CANCEL, (event) => {
            console.log('TOUCH_CANCEL');
        }, this);
    }
}
```

代码编写完成后尝试预览运行，此时可以发现，当我们用鼠标点击屏幕时会输出【TOUCH_START】，当我们用鼠标在屏幕上移动时会输出【TOUCH_MOVE】，在游戏区域内松开鼠标时会输出【TOUCH_END】，在游戏区域外松开鼠标时会输出【TOUCH_CANCEL】。

4.3.4　游戏脚本的调整

经过前面的测试，我们已经学会了触摸事件的监听与响应，根据游戏的需求，当玩家点击屏幕时，需要响应 TOUCH_START 事件并发射子弹。由于我们只需要用到该事件，因此对代码进行微调即可，将代码修改如下。

```
import { _decorator, Component, Input, input } from 'cc';
const { ccclass, property } = _decorator;

@ccclass('Game')
export class Game extends Component {

    start() {
        input.on(Input.EventType.TOUCH_START, this.fire, this);
    }

    onDestroy() {
        input.off(Input.EventType.TOUCH_START, this.fire, this);
    }

    fire() {
        console.log('发射子弹');
    }
}
```

由于在组件被销毁后就不再需要对游戏进行触摸监听，所以在 onDestroy 回调时，我们使用 off 方法对触摸事件的监听进行关闭。而 off 方法的参数必须和 on 方法的参数一一对应，才能完成关闭，因此我们不再使用匿名函数作为事件函数，而是将其声明为 fire 函数，这样可以更方便地在组件被销毁时对监听事件进行解绑。

代码修改完成后，再次进行预览运行，此时我们会发现，当点击屏幕时已经可以成功地输出【发射子弹】了。接下来我们将会实现 fire 函数的逻辑，让子弹真正地发射出去。

4.4　使用缓动系统

现在我们已经学会了如何监听和响应玩家的触摸事件，接下来将继续完善游戏逻辑，通过使用缓动系统来让游戏"动起来"。

4.4.1 缓动系统简介

缓动系统（Tween）可以对目标对象的任意属性进行缓动。缓动系统可以让我们轻松地实现对象的位移、缩放、旋转等各种动作。得益于其方便的 API 接口，在实际项目中，缓动系统常被用于简单形变和位移动画的制作。

例如，在这个小游戏中，我们可以使用缓动系统来制作子弹的位移动画，让子弹从初始位置向上移动到游戏场景外，从而实现子弹发射的效果。

缓动系统的相关接口如表 4-2 所示。

表 4-2 缓动系统的相关接口

接　口	功　能　说　明
to	添加一个对属性进行绝对值计算的间隔动作
by	添加一个对属性进行相对值计算的间隔动作
set	添加一个直接设置目标属性的瞬时动作
delay	添加一个延迟时间的瞬时动作
call	添加一个调用回调的瞬时动作
target	添加一个直接设置缓动目标的瞬时动作
union	将上下文的缓动动作打包成一个
then	插入一个 Tween 到缓动队列中
repeat	重复执行次数
repeatForever	一直重复执行
sequence	添加一个顺序执行的缓动
parallel	添加一个同时执行的缓动
start	启动缓动
stop	停止缓动
clone	克隆缓动
show	启用节点链上的渲染，缓动目标需要为 Node
hide	禁用节点链上的渲染，缓动目标需要为 Node
removeSelf	将节点移出场景树，缓动目标需要为 Node

4.4.2 实现子弹发射效果

接下来我们将通过缓动系统实现子弹发射的效果，为此我们需要先在脚本中获取子弹对象节点，在 Game 脚本中添加如下代码。

```
@property({ type: Node })
private bulletNode: Node = null; // 绑定 bullet 节点
```

代码修改完成后，将 bullet 节点与其进行绑定，完成后如图 4-13 所示。

图 4-13 绑定 bullet 节点

经过分析我们发现，子弹的发射行为本身就是一个位移行为，而通过缓动系统中的 to 接口，可以让 bullet 节点在固定时间内移动到指定的坐标。因此，我们只要在 to 接口中给 bullet 节点设置一个屏幕上方的坐标，即可实现子弹的位移，从而模拟出子弹发射的效果，将 fire 函数修改如下。

```
fire() {
    console.log('发射子弹');

    tween(this.bulletNode) // 指定缓动对象
        .to(0.6, {position: new Vec3(0, 600, 0)}) // 对象在 0.6s 内移动
到目标位置
        .start(); // 启动缓动
}
```

完成上述操作后再次预览运行，当我们在游戏中点击时，下方的子弹就可以成功地发射出去了。不过此时代码的逻辑还存在一点问题，当我们尝试在游戏中疯狂地点击屏幕时，会发现子弹的速度越来越慢，这是因为在每次点击的时候都重复执行了一次子弹发射的缓动动画。由于缓动动画的起点在每次点击的时候都离终点越来越近，而缓动动画的持续时间不变，因此子弹在单位时间内移动的速度越来越慢。

　　根据游戏规则，在子弹发射出去后，就不可以对子弹进行重复操作了。因此我们继续在游戏中添加一个标记变量 gameState，该变量将用于记录当前游戏所处的状态。在初始化游戏时，设置子弹的发射状态为未发射；在发射子弹时，检测对应标记变量是否被标记为已发射。如果还没有发射，则执行对应的逻辑代码；如果已经发射了，则不再执行后续的逻辑代码，相关代码修改如下。

```
private gameState: number= 0; // 0：子弹未发射，1：子弹已发射，2：游戏结束

// ...

fire() {
    if (this.gameState != 0) return; // 子弹已经发射

    this.gameState = 1; // 修改子弹发射标记变量

    tween(this.bulletNode) // 指定缓动对象
        .to(0.6, {position: new Vec3(0, 600, 0)}) // 将对象坐标移动到目
标位置
        .start(); // 启动缓动
}
```

4.4.3　实现击中判定

　　在本章的游戏中，我们并不打算额外引入复杂的物理系统，而是通过编写逻辑判断的代码来实现子弹与敌人的碰撞。这里我们会采取一个比较简单的方式，在 update 回调函数中对子弹及敌人的坐标进行比对，当两个对象的中心点坐标的距离小于或等于某个值时，即两个对象足够接近，我们则可以认为子弹与敌人发生了碰撞。

　　为了获取敌人的节点以便进行后续逻辑的处理，我们还需要在脚本中添加 enemyNode 属性，并在编辑器中将其与 enemy 节点进行绑定。

```
@property({ type: Node })
private enemyNode: Node = null; // 绑定 enemy 节点
```

　　同时，我们还需要编写一个 checkHit 函数用于检测子弹与敌人的碰撞状态。在该函数中可以使用 Vec3 对象的 distance 函数，以此来获取 bullet 节点与 enemy 节点坐标的距离。当它们的距离小于 50 时，则认为二者发生了碰撞。

　　在碰撞后将 gameState 的状态进行同步修改，通过判断状态量防止后续的无效运算，并同时将子弹及敌人节点隐藏，从而达到击中敌人的效果，相关代码修改如下。

```
update() {
    this.checkHit();
}

// 撞击检测
checkHit() {
    if (this.gameState != 1) return; // 子弹处于发射状态时才执行后续的逻辑
代码

    // 获取两个坐标点的距离
    let dis = Vec3.distance(this.bulletNode.position,
this.enemyNode.position);

    if (dis <= 50) {
        this.bulletTween.stop(); // 关闭子弹发射的缓动动画
        this.gameState = 2; // 游戏结束

        this.bulletNode.active = false; // 隐藏子弹对象
        this.enemyNode.active = false; // 隐藏敌人对象
    }
}
```

这里需要注意的是，在碰撞时还需要停止正在播放的缓动动画，所以在启动缓动时添加了变量 bulletTween 用于接收返回值并控制对应缓动动画的关闭，相关代码修改如下。

```
private bulletTween: Tween<Node> = null;

// ...

// 子弹发射
fire() {
    if (this.gameState != 0) return; // 子弹已经发射

    this.gameState = 1; // 修改子弹发射标记变量

    this.bulletTween = tween(this.bulletNode) // 指定缓动对象
        .to(0.6, { position: new Vec3(0, 600, 0) }) // 将对象坐标移动到
目标位置
        .start(); // 启动缓动
}
```

4.4.4　让敌人动起来

现在我们已经可以让子弹进行发射了，但是此时的游戏并不是很有挑战性，为此我们可以在游戏开始时，让敌人在屏幕的左右两侧进行移动，以此来增加游戏的趣味性。

我们同样可以使用缓动系统来实现敌人左右移动的动画。在代码中新建一个enemyInit 函数来对敌人节点进行初始化，同时新建 enemyTween 变量来接收 enemy 节点缓动的返回值，相关代码修改如下。

```
private enemyTween: Tween<Node> = null;

start() {
    this.node.on(Node.EventType.TOUCH_START, this.fire, this);

    this.enemyInit();
}

// ...

// 敌人初始化
enemyInit() {
    let st_pos = new Vec3(300, 260, 0); // 敌人初始化时的位置
    let dua = 1.5; // 从屏幕右边移动到左边所需的时间

    this.enemyNode.setPosition(st_pos); // 设置敌人的初始位置
    this.enemyNode.active = true; // 显示敌人节点

    this.enemyTween = tween(this.enemyNode) // 指定缓动对象
        .to(dua, { position: new Vec3(-st_pos.x, st_pos.y, 0) }) //
移动到左侧
        .to(dua, { position: new Vec3(st_pos.x, st_pos.y, 0) }) // 移
动到右侧（回到初始位置）
        .union()  // 将上下文的缓动动作打包成一个
        .repeatForever() // 重复执行打包的动作
        .start();  // 启动缓动
}
```

在 enemyInit 函数中，我们先对敌人的位置进行了初始化，之后使用 to 方法分别设置了游戏左右两侧的移动缓动动作，并使用 repeatForever 方法让其重复执行，从而实现了左右移动的效果。在 start 函数调用 enemyInit 函数后，我们就可以看到敌人动起来了。

4.4.5　实现死亡判定

由于此时还没有为游戏添加死亡判定，因此每当子弹没有命中敌人时，就必须要刷新浏览器才能重新开始游戏，这样的体验并不是很好。所以，我们接下来将为游戏继续添加死亡判定逻辑，让游戏结束后可以自动重新开始。

游戏的死亡判定实现起来非常简单，我们可以为子弹发射的缓动动作添加一个回调函数，当回调函数被调用时，则说明子弹成功地到达了目的地，并且没有与敌人发生碰撞，相关代码修改如下。

```
// 子弹发射
fire() {
    if (this.gameState != 0) return; // 子弹已经发射

    this.gameState = 1; // 修改子弹发射标记变量

    this.bulletTween = tween(this.bulletNode) // 指定缓动对象
        .to(0.6, { position: new Vec3(0, 600, 0) }) // 将对象坐标移动到
目标位置
        .call(() => {
            this.gameOver();
        })
        .start(); // 启动缓动
}

// 游戏结束
gameOver() {
    console.log('游戏结束');

    this.gameState = 2;
    Director.instance.loadScene('Game'); // 重新加载 Game 场景
}
```

在 gameOver 函数中，我们使用 loadScene 函数对 Game 场景（当前场景）重新加载，从而实现游戏重新开始的效果。这里需要注意的是，使用 loadScene 加载的场景名是区分大小写的，如果加载的场景名不一致或者不存在则无法进行加载。

4.5　完善得分逻辑

现在我们的游戏已经可以玩起来了，是不是非常有成就感。不过当前的游戏逻

辑还不是很完善，当击中敌人后游戏也就结束了，并不能让玩家持续地玩下去。我们希望在子弹击中敌人后，可以刷新出新的敌人，并且分配一枚新的子弹，同时获得相应的得分，让游戏实现"无尽模式"。让我们继续完善游戏的后续逻辑，为游戏添加相关的得分逻辑，让游戏变得更加有趣。

4.5.1　添加得分 Label

为了让玩家能够在游戏中看到当前得分，我们还需要为场景添加 Label 组件。在 bg 节点下右击，在弹出的快捷菜单中选择【创建】→【2D 对象】→【Label（文本）】命令，创建一个 Label 组件，并将其命名为【score】，创建完成后，在属性检查器中将 score 对象的【FontSize】和【LineHeight】属性的值都修改为【100】，同时将【String】的默认值设置为【0】，之后将其移动到(0,450,0)，完成后如图 4-14 所示。

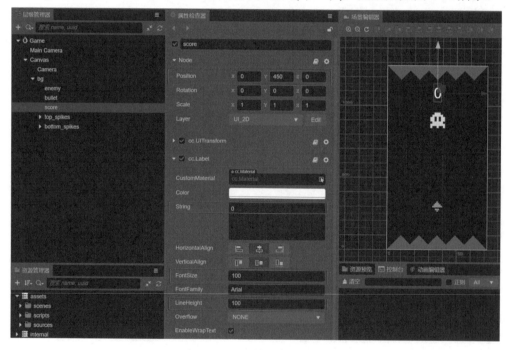

图 4-14　添加得分节点 score

4.5.2　得分逻辑的实现

score 节点添加完成后，我们继续编写对应的逻辑代码，先在代码中新增 scoreLabel 变量并在属性检查器中将其与 score 节点进行绑定，同时添加 score 变量用于统计游戏的当前得分。然后新建 newLevel 函数，用于初始化每一次游戏中的敌人、子弹以及当前的游戏状态量，新建 incrScore 函数来修改游戏的当前得分，同时调整部分代码结构，相关代码修改如下。

```
@property({ type: Label })
private scoreLabel: Label = null; // 绑定 score 节点

private score: number = 0; // 游戏得分

start() {
    this.node.on(Node.EventType.TOUCH_START, this.fire, this);

    this.newLevel();
}

// ...

// 游戏初始化
newLevel() {
    this.enemyInit();
    this.bulletInit();

    this.gameState = 0; // 重置游戏状态
}

// 子弹初始化
bulletInit() {
    let st_pos = new Vec3(0, -340, 0); // 子弹初始化时的位置

    this.bulletNode.setPosition(st_pos); // 设置敌人的初始位置
    this.bulletNode.active = true; // 显示子弹节点
}

// 增加得分
incrScore() {
    this.score = this.score + 1;
    this.scoreLabel.string = String(this.score);
}

// 撞击检测
checkHit() {
    if (this.gameState != 1) return; // 子弹处于发射状态时才执行后续的逻辑代码
```

```
    // 获取两个坐标点的距离
    let dis = Vec3.distance(this.bulletNode.position,
this.enemyNode.position);

    if (dis <= 50) {
        this.bulletTween.stop(); // 关闭子弹发射的缓动动画
        this.enemyTween.stop(); // 关闭敌人移动的缓动动画
        this.gameState = 2; // 游戏结束

        this.bulletNode.active = false; // 隐藏子弹对象
        this.enemyNode.active = false; // 隐藏敌人对象

        this.incrScore(); // 增加得分
        this.newLevel(); // 设置新一轮的游戏
    }
}
```

相关代码修改完成后，我们可以尝试再次运行游戏，此时的游戏已经可以实现"无尽模式"了。每次击中敌人后，游戏会再次刷新出新的敌人，并为玩家重新分配一枚子弹，同时得分也会进行相应的变化。

4.5.3　随机化敌人的初始状态

目前我们已经完成了游戏的得分逻辑，在击中敌人后已经可以获得分数，并且也会刷新出新的敌人。不过多玩几次就会发现，此时的游戏每次刷新出来的敌人的位置和速度都是固定的，很容易找到规律，游戏的挑战性并不是特别强。

所以接下来我们还需要对代码进行微调，为敌人的初始化状态添加一定的随机元素，我们可以在合理的范围内，随机给出敌人出现的位置以及其移动的速度，以此让游戏变得更加有趣味性，将 enemyInit 函数修改如下。

```
// 敌人初始化
enemyInit() {
    let st_pos = new Vec3(300, 260, 0); // 敌人初始化时的位置
    let dua; // 从屏幕右侧移动到左侧所需的时间

    dua = 1.5 - Math.random() * 0.5; // 移动时间随机范围 1~1.5
    st_pos.y = st_pos.y - Math.random() * 40; // 初始 y 坐标随机范围
220~260

    // 50%概率改变初始位置到对侧
```

```
if (Math.random() > 0.5) {
  st_pos.x = -st_pos.x;
}

this.enemyNode.setPosition(st_pos.x, st_pos.y); // 设置敌人到初始位置

this.enemyNode.active = true; // 显示敌人节点

this.enemyTween = tween(this.enemyNode) // 指定缓动对象
    .to(dua, { position: new Vec3(-st_pos.x, st_pos.y, 0) }) //
移动到另一侧
    .to(dua, { position: new Vec3(st_pos.x, st_pos.y, 0) }) // 回
到初始位置
    .union()  // 将上下文的缓动动作打包成一个
    .repeatForever() // 重复执行打包的动作
    .start();  // 启动缓动
}
```

在前面的代码中，通过 Math.random 函数可以获取 0~1 的随机小数，当我们将其与某个目标数字相乘时，即可得到 0~目标数字间的随机数，例如，通过 Math.random() * 40 可以让我们得到 0~40 的随机数。代码中的 st_pos.y，初始化时默认值为 260，为了让游戏增加一定的趣味性，我们用其与 0~40 的随机数相减，即 260-(0~40 的随机数)，最后可以得到 260~220 区间内波动的 st_pos.y。

现在我们已经为敌人的初始化状态添加了一定的随机元素，游戏也变得有一些挑战性了。也许你还是对当前游戏的数值不怎么满意，这种情况在游戏开发的过程中是十分常见的，因为游戏的数值需要花费很多时间进行测试。而代码所用到的区间数值仅用于演示，后续可以根据自己的实际需求去调整游戏的难度，慢慢调整和优化游戏的参数。

4.6　2D 粒子初探

现在我们已经基本完成了游戏的核心逻辑，当前的游戏已经可以发射子弹，并在击中敌人时获得分数，也会因为击中上方尖刺而导致游戏结束。不过命中敌人和死亡的反馈还不是很明显，为了增强游戏的反馈效果，我们将为游戏添加相应的爆破粒子效果。

4.6.1　使用 2D 粒子

在层级管理器中右击【bg】节点，在弹出的快捷菜单中选择【创建】→【2D 对象】→【ParticleSystem2D（粒子）】命令，为游戏创建一个默认的 2D 粒子，并将其命名为【boom】，之后调整其坐标位置为(0,0,0)，完成后如图 4-15 所示。

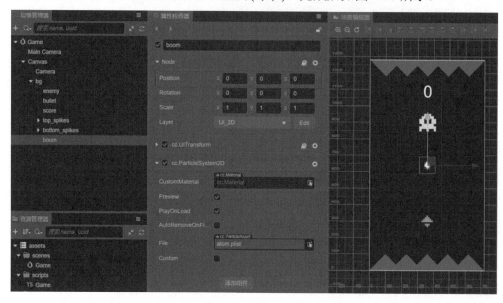

图 4-15　创建粒子

当运行游戏时，就可以看到刚刚添加的粒子了，不过默认的粒子效果并不是我们想要的爆破效果。接下来我们将用事先调整好的粒子文件对其进行替换，如图 4-16 所示。

图 4-16　替换粒子 plist 文件

在属性检查器中可以看到，我们在前面添加的粒子默认勾选了【PlayOnLoad】复选框，其在勾选状态下将会在游戏运行后自动进行播放。由于后续我们会使用代码去控制粒子的播放，因此这里需要将其取消勾选，如图 4-17 所示。

图 4-17 取消勾选【PlayOnLoad】复选框

4.6.2 ParticleSystem2D 简介

2D 粒子组件（ParticleSystem2D）用于读取粒子资源数据，并对其进行一系列操作，例如播放、暂停、销毁等，组件的属性如表 4-3 所示。

表 4-3 2D 粒子组件的属性

属 性	功 能 说 明
CustomMaterial	自定义材质
Color	粒子颜色
Preview	在编辑器模式下预览粒子，启用后，在选中粒子时，粒子将在场景编辑器中自动播放
PlayOnLoad	若勾选该项，则运行时会自动播放粒子
AutoRemoveOnFinish	粒子播放完毕时自动销毁所在的节点
File	plist 格式的粒子配置文件
Custom	自定义粒子属性。开启该属性后可以自定义以下部分的粒子属性
SpriteFrame	自定义粒子贴图
Duration	粒子系统的运行时间。单位为秒，-1 表示持续发射
EmissionRate	每秒发射的粒子数目
Life	粒子的运行时间以及变化范围
TotalParticle	粒子的最大数量
StartColor	粒子的初始颜色
EndColor	粒子结束时的颜色
Angle	粒子的角度及变化范围
StartSize	粒子的初始大小及变化范围
EndSize	粒子结束时的大小及变化范围
StartSpin	粒子开始时的自旋角度及变化范围

续表

属　　性	功 能 说 明
EndSpin	粒子结束时的自旋角度及变化范围
PosVar	发射器位置的变化范围（横向和纵向）
PositionType	粒子的位置类型，包括 FREE、RELATIVE、GROUPED 三种
EmitterMode	发射器类型，包括 GRAVITY、RADIUS 两种
Gravity	重力。仅在 EmitterMode 为 GRAVITY 时生效
Speed	速度及变化范围。仅在 EmitterMode 为 GRAVITY 时生效
TangentialAccel	每个粒子的切向加速度及变化范围，即垂直于重力方向的加速度。仅在 EmitterMode 为 GRAVITY 时生效
RadialAccel	粒子径向加速度及变化范围，即平行于重力方向的加速度。仅在 EmitterMode 为 GRAVITY 时生效
RotationIsDir	每个粒子的旋转是否等于其方向。仅在 EmitterMode 为 GRAVITY 时生效
StartRadius	初始半径及变化范围，表示粒子发射时相对发射器的距离。仅在 EmitterMode 为 RADIUS 时生效
EndRadius	结束半径及变化范围。仅在 EmitterMode 为 RADIUS 时生效
RotatePerS	粒子每秒围绕起始点的旋转角度及变化范围。仅在 EmitterMode 为 RADIUS 时生效

4.6.3　使用爆破粒子

　　爆破粒子添加完成后，我们继续为游戏编写相关代码，先在代码中新增 boomNode 变量，并在属性检查器中将其与 boom 节点进行绑定。然后新建 boom 函数，该函数需要传入粒子的播放位置及颜色，用于在对应位置播放爆破粒子，同时调整部分代码结构，相关代码修改如下。

```
@property({ type: Node })
private boomNode: Node = null; // 绑定 boom 节点


// 播放爆破粒子效果
boom(pos, color) {
    this.boomNode.setPosition(pos);
    let particle = this.boomNode.getComponent(ParticleSystem2D);
    if (color == undefined) {
        particle.startColor = particle.endColor = color;
    }
    particle.resetSystem();
}


// 撞击检测
checkHit() {
```

```
        if (this.gameState == 1) return; // 子弹处于发射状态时才执行后续的逻辑
代码

        // 获取两个坐标点的距离
        let dis = Vec3.distance(this.bulletNode.position,
this.enemyNode.position);

        if (dis <= 50) {
            this.bulletTween.stop(); // 关闭子弹发射的缓动动画
            this.enemyTween.stop(); // 关闭敌人移动的缓动动画
            this.gameState = 2; // 游戏结束

            this.bulletNode.active = false; // 隐藏子弹对象
            this.enemyNode.active = false; // 隐藏敌人对象

            // 播放爆破粒子效果
            let enemyColor = this.enemyNode.getComponent(Sprite).color;
// 敌人的颜色
            this.boom(this.bulletNode.position, enemyColor);

            this.incrScore(); // 增加得分
            this.newLevel(); // 设置新一轮的游戏
        }
}

// 游戏结束
gameOver() {
    this.gameState = 2;

    // 播放爆破粒子效果
    let bulletColor = this.bulletNode.getComponent(Sprite).color; //
子弹的颜色
    this.boom(this.bulletNode.position, bulletColor);

    // 死亡后延时 1s，用于显示爆破粒子
    setTimeout(() => {
        Director.instance.loadScene('Game');
    }, 1000);
}
```

再次预览运行，现在我们的游戏就有了不错的粒子反馈效果，已经是一个比较有趣的游戏原型了。赶快来试一试你能拿到几分或者将游戏分享给朋友吧。

4.6.4　小节代码一览

在本小节中，Game 脚本的最终代码如下所示。

```
import { _decorator, Component, Input, input, Node, tween, Vec3,
Tween, Director, Label, ParticleSystem2D, Sprite } from 'cc';
const { ccclass, property } = _decorator;

@ccclass('Game')
export class Game extends Component {
    @property({ type: Node })
    private bulletNode: Node = null; // 绑定 bullet 节点
    @property({ type: Node })
    private enemyNode: Node = null; // 绑定 enemy 节点
    @property({ type: Label })
    private scoreLabel: Label = null; // 绑定 score 节点
    @property({ type: Node })
    private boomNode: Node = null; // 绑定 boom 节点

    private score: number = 0; // 游戏得分
    private gameState: number = 0; // 0：子弹未发射，1：子弹已发射，2：游
戏结束
    private bulletTween: Tween<Node> = null;
    private enemyTween: Tween<Node> = null;

    start() {
        input.on(Input.EventType.TOUCH_START, this.fire, this);

        this.newLevel();
    }

    onDestroy() {
        input.off(Input.EventType.TOUCH_START, this.fire, this);
    }

    update() {
        this.checkHit();
    }
```

```
// 游戏初始化
newLevel() {
    this.enemyInit();
    this.bulletInit();

    this.gameState = 0; // 重置游戏状态
}

// 子弹初始化
bulletInit() {
    let st_pos = new Vec3(0, -340, 0); // 子弹初始化时的位置

    this.bulletNode.setPosition(st_pos); // 设置敌人的初始位置
    this.bulletNode.active = true; // 显示子弹节点
}

// 敌人初始化
enemyInit() {
    let st_pos = new Vec3(300, 260, 0); // 敌人初始化时的位置
    let dua; // 从屏幕右侧移动到左侧所需的时间

    dua = 1.5 - Math.random() * 0.5; // 移动时间随机范围 1~1.5
    st_pos.y = st_pos.y - Math.random() * 40; // 初始 y 坐标随机范围
220~260

    // 50%概率改变初始位置到对侧
    if (Math.random() > 0.5) {
     st_pos.x = -st_pos.x;
    }

    this.enemyNode.setPosition(st_pos.x, st_pos.y); // 设置敌人的初
始位置

    this.enemyNode.active = true; // 显示敌人节点

    this.enemyTween = tween(this.enemyNode) // 指定缓动对象
        .to(dua, { position: new Vec3(-st_pos.x, st_pos.y, 0) })
// 移动到另一侧
```

```
                .to(dua, { position: new Vec3(st_pos.x, st_pos.y, 0) })
// 回到初始位置
                .union()    // 将上下文的缓动动作打包成一个
                .repeatForever() // 重复执行打包的动作
                .start();   // 启动缓动
    }


    // 增加得分
    incrScore() {
        this.score = this.score + 1;
        this.scoreLabel.string = String(this.score);
    }


    // 子弹发射
    fire() {
        if (this.gameState != 0) return; // 子弹已经发射

        this.gameState = 1; // 修改子弹发射标记变量

        this.bulletTween = tween(this.bulletNode) // 指定缓动对象
            .to(0.6, { position: new Vec3(0, 600, 0) }) // 将对象坐标移
动到目标位置
            .call(() => {
                this.gameOver();
            })
            .start(); // 启动缓动
    }


    // 播放爆破粒子效果
    boom(pos, color) {
        this.boomNode.setPosition(pos);
        let particle = this.boomNode.getComponent(ParticleSystem2D);
        if (color == undefined) {
            particle.startColor = particle.endColor = color;
        }
        particle.resetSystem();
    }


    // 撞击检测
    checkHit() {
```

```
        if (this.gameState == 1) return; // 子弹处于发射状态时才执行后续的逻
辑代码

        // 获取两个坐标点的距离
        let dis = Vec3.distance(this.bulletNode.position, this.
enemyNode.position);

        if (dis <= 50) {
            this.bulletTween.stop(); // 关闭子弹发射的缓动动画
            this.enemyTween.stop(); // 关闭敌人移动的缓动动画
            this.gameState = 2; // 游戏结束

            this.bulletNode.active = false; // 隐藏子弹对象
            this.enemyNode.active = false; // 隐藏敌人对象

            // 播放爆破粒子效果
            let enemyColor = this.enemyNode.getComponent(Sprite).
color; // 敌人的颜色
            this.boom(this.bulletNode.position, enemyColor);

            this.incrScore(); // 增加得分
            this.newLevel(); // 设置新一轮的游戏
        }
    }

    // 游戏结束
    gameOver() {
        this.gameState = 2;

        // 播放爆破粒子效果
        let bulletColor = this.bulletNode.getComponent(Sprite).color;
// 子弹的颜色
        this.boom(this.bulletNode.position, bulletColor);

        // 死亡后延时 1s，用于显示爆破粒子
        setTimeout(() => {
            Director.instance.loadScene('Game');
        }, 1000);
    }
}
```

4.7　本章小结

通过本章的学习，我们制作了一个非常有趣的反应小游戏。在制作的过程中，我们学会了如何在游戏中使用图片资源、如何调整游戏的设计分辨率、如何响应玩家的触摸事件以及如何使用缓动系统来制作一些简单的动画。

这是我们制作的第二个小游戏，虽然游戏本身并不复杂，但是相信你在这个过程中一定感受到了制作游戏的乐趣，同时加深了对 Cocos Creator 游戏开发的理解。这是一个好的开始，下一章我们将继续学习更有趣的游戏开发知识。

第 5 章

2D 物理与遮罩——
跑酷小游戏《跃动小球》

本章将介绍如何制作一个非常有趣的跑酷小游戏——《跃动小球》。在制作的过程中，我们会学习遮罩组件的基本使用方法、2D 物理系统的基础知识及预制体的相关概念。在完成本章的学习之后，你将能使用遮罩组件制作各种有趣的单色图形，同时会对 Cocos Creator 的 2D 物理系统有初步的了解，为以后开发类似的游戏打下基础。

5.1　模块简介及基础准备

5.1.1　游戏简介

《跃动小球》是一款非常有趣的跑酷小游戏。游戏开始之后，玩家将会控制一个跳跃前进的小球，通过操作小球不断弹跳向下一块跳板来获取更多的分数，倘若不慎落入深渊则会导致游戏失败。游戏的操作方式非常简单，玩家需要在合适的时机点击屏幕，让小球在加速下落后弹起，并利用小球弹跳后产生的滞空时间来调整下一个落点，当跳到下一块跳板时即可获得一分，而当落入深渊时游戏则直接结束，如图 5-1 所示。

图 5-1　游戏最终效果

5.1.2　游戏规则

《跃动小球》的游戏规则如下。

- 游戏开局时生成一个原地跳跃的小球及若干个跳板。

- 点击屏幕后游戏开始，同时小球将会以固定的速度向右移动。
- 在小球的移动方向上永远会出现新的跳板，跳板不会出现用完的情况。
- 游戏开始后，每当点击屏幕时小球都会加速下落，当小球撞击到跳板时会反向弹起。
- 小球每跳到一个跳板时获得 1 分，小球落入深渊时游戏结束。

5.1.3　创建游戏项目

打开 Cocos Dashboard，点击【项目】选项卡，点击【新建】按钮打开项目创建面板，选择【Empty(2D)】模板，在将【项目名称】修改为【demo-005】之后点击【创建】按钮，如图 5-2 所示。

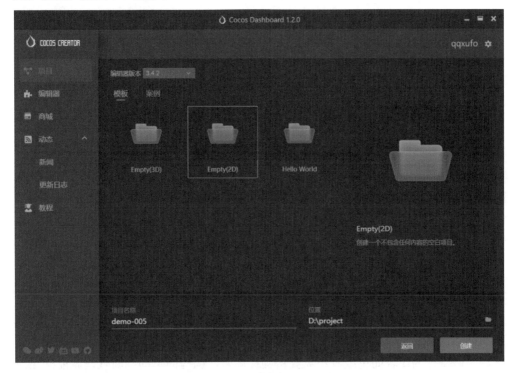

图 5-2　创建新项目

5.1.4　目录规划与资源导入

在资源管理器中依次创建四个文件夹，并分别将其命名为 scenes、scripts、sources、prefabs，其中 scenes 文件夹用于存放场景资源，scripts 文件夹用于存放脚本资源，sources 文件夹用于存放游戏中需要用到的图片资源，prefabs 文件夹用于存放游戏中的预制体资源。文件夹建立完成后，将游戏中需要用到的图片素材导入

sources 文件夹中，完成后的项目目录结构如图 5-3 所示。

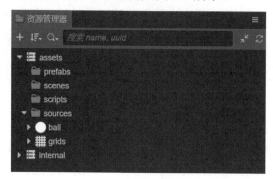

图 5-3　项目目录结构

5.1.5　场景初始化

在编辑器顶部选择【项目】→【项目设置】→【项目数据】命令，进入项目数据调整面板，在面板中分别将【设计宽度】和【设计高度】的值修改为【720】和【1280】。

右击层级管理器，在弹出的快捷菜单中选择【创建】→【UI 组件】→【Canvas（画布）】命令，创建一个 Canvas 节点。创建完成后使用组合键"Ctrl+S"将当前场景保存到 scenes 文件夹下，并将场景命名为【Game】。

右击【Canvas】节点，在弹出的快捷菜单中选择【创建】→【2D 对象】→【SpriteSplash（单色）】命令，创建一个单色节点，并将节点命名为【bg】，同时将它的尺寸修改为 720px×1280px，并将颜色调整为#87CEEB，用作项目的背景。

将制作好的 Game 场景复制一份，保存到 scenes 文件夹下并命名为【Menu】。

5.2　2D 物理系统初探

在通常情况下，我们会将判断游戏内对象在何时相交或接触的行为称为碰撞检测。当碰撞行为比较简单或者不需要精确检测时，编写简单的判断代码就能满足我们的需求，例如在第 4 章中，我们通过判断两个对象的中心点的距离，简单地实现了子弹与敌人的碰撞检测。

而当游戏中需要检测的对象较多或者需要精确检测时，手动编写相应的代码将会耗费大量的精力，此时我们就可以尝试使用引擎自带的物理系统来实现碰撞检测。

Cocos Creator 的物理系统提供了高效的组件化工作流程和便捷的使用方法。使用该系统可以帮助我们简化开发流程，只需要相关的组件及 API 就可以轻松地实现碰撞检测及对应的物理效果。

5.2.1　2D 物理简介

Cocos Creator 支持内置的轻量 Builtin 物理系统和强大的 Box2D 物理系统。Builtin 物理系统只提供了碰撞检测的功能，对于物理计算较为简单的情况，推荐使用 Builtin 物理模块，这样可以避免加载庞大的 Box2D 物理模块并减小构建和运行物理世界的开销。而 Box2D 物理模块提供了更完善的交互接口和刚体、关节等预设好的组件。

在编辑器主菜单中选择【项目】→【项目设置】→【功能裁剪】命令，打开功能裁剪面板，在面板中的【2D 物理系统】下拉列表中可以切换当前项目所用的物理模块，这里我们可以根据实际需求来选择适合的物理模块。由于本章的游戏除了碰撞检测外，还需要用到物理模块实现弹跳效果，因此我们选择的是【基于 Box2D 的 2D 物理系统】，如图 5-4 所示。

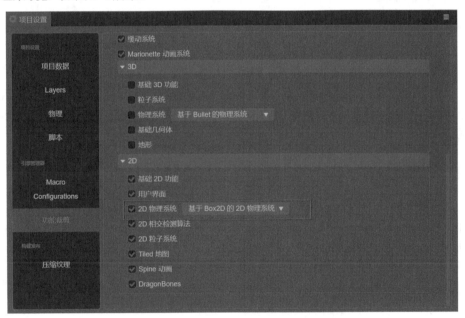

图 5-4　选择【基于 Box2D 的 2D 物理系统】

5.2.2　使用 2D 刚体组件

刚体是组成物理世界的基本对象，物理引擎会通过刚体上的相关属性，例如质量、移动速度、旋转速度等，来计算并模拟对应的物理行为。

在资源管理器中将【ball】图片资源拖动到【bg】节点下，并将其尺寸修改为 64px×64px，在属性检查器中选择【添加组件】→【Physics2D】→【RigidBody2D】命令，为 ball 节点添加 2D 刚体（RigidBody2D）组件，完成后如图 5-5 所示。

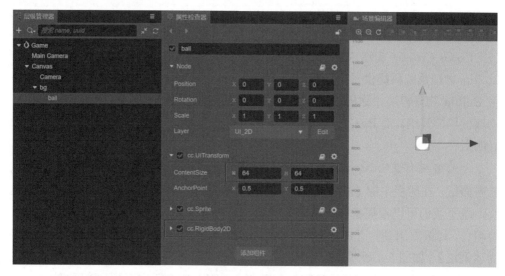

图 5-5　带有 2D 刚体组件的 ball 节点

组件添加完成后，当我们尝试预览运行时会发现，在游戏场景加载完成后，小球会直接往下掉落。在现实世界中，如果从高处抛下一个实心球，由于受重力影响，实心球将会往下掉落。而在物理引擎中也是类似的，当向小球对象添加了刚体组件后，它将会变成物理引擎世界中的一个物体，并会受到其中的重力的影响从而往下掉落。

5.2.3　刚体类型

默认添加的 2D 刚体组件会使用 Dynamic 类型，该类型会受到重力的影响，因此我们在为 ball 节点添加 2D 刚体组件后，小球会在场景运行后往下掉落。而我们在制作跳板对象时，并不希望其受重力的影响。

Cocos Creator 提供了四种类型的 2D 刚体组件，每一种类型都有对应的特点，我们可以根据实际需求使用适合的类型，2D 刚体组件的完整类型及说明如表 5-1 所示。

表 5-1　2D 刚体组件的完整类型及说明

刚 体 类 型	类 型 说 明
Static	静态刚体，零质量，零速度，不会受到重力的影响，可以设置它的位置来进行移动
Dynamic	动态刚体，有质量，可以设置速度，会受到重力的影响
Kinematic	运动刚体，零质量，可以设置速度，不会受到重力的影响，可以设置它的位置来进行移动
Animated	Kinematic 衍生的类型，会根据当前与目标的旋转或位移属性，计算出所需的速度，并且赋值到对应的移动或旋转速度上，主要与动画编辑结合使用

在 bg 节点下创建一个单色对象 block 来制作跳板，将它的尺寸修改为 100px×20px，

位置调整为(0,-200,0)，并为其添加 RigidBody2D 组件，由于游戏中的跳板不需要受到重力的影响，因此我们还需要将其刚体组件的类型修改为【Static】，完成后如图 5-6 所示。

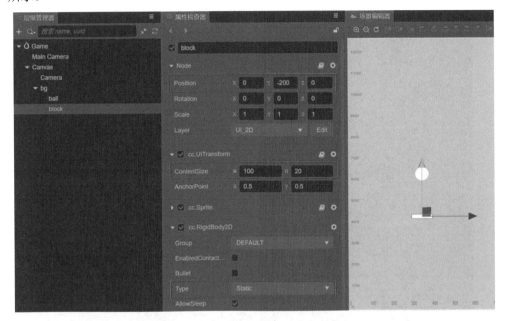

图 5-6　制作跳板对象

　　跳板添加完成后再次预览运行，此时我们会发现类型为 Dynamic 的小球会受重力的影响而下落，而类型为 Static 的跳板则因不受重力的影响而保持静止。

5.2.4　使用 2D 碰撞组件

　　由于还没有为小球与跳板添加碰撞组件，因此在预览运行时我们会发现，下落的小球并没有与静止的跳板发生碰撞，而是径直地穿了过去。此时你可能会产生疑问，我们明明看到小球和跳板"碰到"了一起，但是它们为什么没有发生对应的碰撞行为呢？

　　这里需要说明一个概念，视觉上看到的小球与跳板仅仅是"图像"部分，而物理世界在进行碰撞计算时，视觉图像的部分是不参与的，真正参与的只有碰撞组件上的碰撞区域，即物理世界只能"看到"碰撞区域上绘制的"图像"。因此，为了让物理引擎正确地计算碰撞行为，我们还需要为小球和跳板添加碰撞组件。

　　在 Cocos Creator 中，2D 物理对象可以添加一个或多个碰撞组件，每个碰撞组件都会包含一个碰撞区域，这些碰撞区域定义了对象的碰撞边界。通过这些区域可以检测对象之间是否发生了接触。也正是这些碰撞区域让物理引擎"看到"了刚体。

　　依次选中【ball】节点与【block】节点，并在属性检查器中选择【添加组件】→
【Physics2D】→【Colliders】→【CircleCollider2D】命令，为 ball 节点添加圆形碰撞
区域；选择【添加组件】→【Physics2D】→【Colliders】→【BoxCollider2D】命令，
为 block 节点添加矩形碰撞区域，完成后如图 5-7 所示。

图 5-7　添加碰撞组件

　　这里需要注意的是，为了让小球在下落后可以弹回初始位置，我们将其碰撞组
件上的弹性系数调整为 1。弹性系数 Restitution 为 1 时表示小球将会与跳板产生弹
性碰撞，即碰撞前后整个系统的动能不变，小球下落后也可以弹回初始位置。如果
弹性系数 Restitution 为默认值 0，则表示碰撞为完全非弹性碰撞，当小球撞击到跳板
时则会直接静止，而不会产生弹跳行为。

　　修改完成后再次预览运行，此时我们会看到一个不停跳跃的小球。如果你想让
小球下落的速度变快，可以直接调整小球的重力缩放值【GravityScale】，以增强其受
重力影响的效果。这里我们可以将该值修改为【4】，让小球受到的重力变为原先的
四倍，从而让下落速度变快，如图 5-8 所示。

图 5-8　修改【GravityScale】

5.2.5　绘制物理调试信息

在通常情况下，玩家在玩游戏时并不需要看到调试碰撞区域，而作为开发者，如果可以在开发模式下看到碰撞区域，则可以更方便地进行调试。

由于物理系统默认并不会绘制任何的调试信息，因此我们可以通过在脚本中修改 debugDrawFlags 的参数的方式来打开调试功能。在资源管理器的 scripts 文件夹下创建 Setting 脚本，并将脚本挂载到 Canvas 节点上，相关代码如下所示。

```
import { _decorator, Component, PhysicsSystem2D, EPhysics2DDrawFlags }
from 'cc';
const { ccclass, property } = _decorator;


@ccclass('Setting')
export class Setting extends Component {
    @property
    private isDebug: boolean = false;


    start() {
```

```
        this.showDebug();
    }


    showDebug() {
        if (this.isDebug) {
            // 绘制物理调试信息
            PhysicsSystem2D.instance.debugDrawFlags =
                EPhysics2DDrawFlags.Aabb |
                EPhysics2DDrawFlags.Pair |
                EPhysics2DDrawFlags.CenterOfMass |
                EPhysics2DDrawFlags.Joint |
                EPhysics2DDrawFlags.Shape;
        } else {
            // 关闭调试区域
            PhysicsSystem2D.instance.debugDrawFlags =
EPhysics2DDrawFlags.None;
        }
    }
}
```

在上面的代码中，我们将绘制调试区域的逻辑放到了 showDebug 函数中，并通过变量 IsDebug 的值进行控制。此后我们可以通过在 Setting 组件上勾选【IsDebug】的方式进而改变它的值，从而实现一个简易的绘制调试区域的控制开关，如图 5-9 所示。

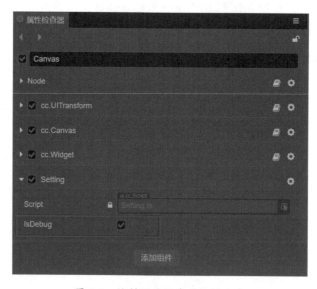

图 5-9　绘制调试区域的控制开关

勾选【IsDebug】复选框后再次预览运行，此时我们就可以在游戏场景中看到添加的碰撞区域了。

5.3　实现小球操控逻辑

在上一小节中，我们为小球与跳板添加了刚体组件，现在已经可以让小球跳起来了。接下来我们将会为游戏添加点击响应，并实现小球操控的相关逻辑。

5.3.1　修改刚体移动速度

在本章的游戏中，玩家可以通过点击屏幕的方式让小球加速下落，并以此来调整小球的落点。为了实现该功能，我们可以首先监听用户的点击事件，然后在点击回调函数中获取小球的刚体组件，最后直接修改其瞬时速度。

在资源管理器的 scripts 文件夹下创建 Game 脚本，并将脚本挂载到 Canvas 节点上，之后为 Game 脚本添加如下代码。

```
import { _decorator, Component, Node, RigidBody2D, Vec2, input,
Input } from 'cc';
const { ccclass, property } = _decorator;

@ccclass('Game')
export class Game extends Component {

    @property({ type: Node })
    private ballNode: Node = null; // 绑定 ball 节点

    start() {
        input.on(Input.EventType.TOUCH_START, this.onTouchStart,
this);
    }

    onTouchStart() {
        let rigidbody = this.ballNode.getComponent(RigidBody2D);
        rigidbody.linearVelocity = new Vec2(0, -30); // 修改刚体移动
速度
    }
}
```

在上面的代码中，我们添加了点击监听，并在监听响应函数 onTouchStart 中调

整了刚体的 linearVelocity 属性值，在玩家点击屏幕的瞬间，小球的速度将会被重置为(0,-30)。

代码添加完成后，在属性检查器中将 ball 节点进行绑定，再次预览运行。每当我们点击屏幕时，小球都会以固定的速度快速下落，此时我们也就实现了点击加速下落的效果。

5.3.2　碰撞回调

目前我们已经实现了小球的点击加速效果，不过此时的游戏逻辑还有一点问题。由于小球在撞击到跳板时会产生弹性碰撞，因此在我们点击屏幕实现加速下落后，小球将会反弹到更高的位置，而不是回到初始的高度。

显然我们并不希望小球在加速后反弹到更高的位置，而是希望它即使进行了加速下落，也应该回到初始的高度。为了修正这个问题，我们可以在小球初次下落撞击到跳板时，记录其瞬时速度，此后不管小球以任何速度撞击到跳板，我们都将它的瞬时反弹速度修正为初次记录的速度，以便让其能够返回到正确的高度。

在 Cocos Creator 中，2D 碰撞体组件都继承自 Collider2D 类，并能对以下事件注册监听，如表 5-2 所示。

表 5-2　枚举对象及其事件触发机制

枚举对象定义	事件触发的时机
Contact2DType.BEGIN_CONTACT	只在两个碰撞体开始接触时被调用一次
Contact2DType.END_CONTACT	只在两个碰撞体结束接触时被调用一次
Contact2DType.PRE_SOLVE	在每次处理碰撞体接触逻辑之前被调用
Contact2DType.POST_SOLVE	在每次处理完碰撞体接触逻辑时被调用

我们可以尝试为 Game 脚本添加如下代码。

```
start() {
    // ...
    this.collisionHandler();
}


collisionHandler() {
    let collider = this.ballNode.getComponent(Collider2D);
    collider.on(Contact2DType.BEGIN_CONTACT, () => {
        console.log('碰撞产生');
    }, this);
}
```

在前面的代码中，我们添加了相关的碰撞事件的监听，并希望小球撞击到跳板时，会打印出【碰撞产生】的文字。不过在实际预览运行时，你可能并不会在控制台看到任何的输出信息。这是因为我们使用的 Box2D 物理模块，需要在刚体中开启碰撞监听，才会有相应的回调产生。而默认的刚体组件上的【EnabledContactListener】属性是处于未被勾选状态的，因此我们还需要勾选 ball 节点上的对应属性，才能在游戏预览运行时看到对应的回调输出语句，如图 5-10 所示。

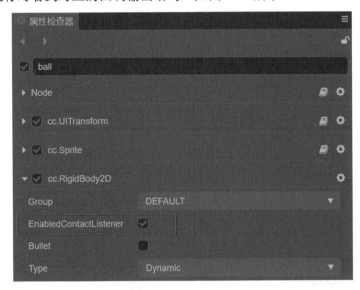

图 5-10　开启碰撞监听

为 ball 节点开启碰撞监听后，再次预览运行，此时会发现每当小球与跳板发生碰撞后，控制台便会输出一次【碰撞产生】，这说明碰撞回调已经被成功开启。

在成功开启碰撞回调后，我们就可以直接在回调函数里对小球反弹时的即时速度进行修正了，Game 脚本修改如下。

```
import { _decorator, Component, Node, RigidBody2D, Vec2, input,
Input, Collider2D, Contact2DType } from 'cc';
const { ccclass, property } = _decorator;

@ccclass('Game')
export class Game extends Component {

    @property({ type: Node })
    private ballNode: Node = null; // 绑定ball节点

    private bounceSpeed: number = 0; // 小球第一次落地时的速度
    private gameState: number = 0; // 0：等待开始，1：游戏开始，2：游戏结束
```

```
start() {
    input.on(Input.EventType.TOUCH_START, this.onTouchStart, this);

    this.collisionHandler();
}

collisionHandler() {
    let collider = this.ballNode.getComponent(Collider2D);
    let rigidbody = this.ballNode.getComponent(RigidBody2D);

    collider.on(Contact2DType.BEGIN_CONTACT, () => {
        // 首次落地前 bounceSpeed 值为 0, 此时会将小球的落地速度的绝对值进
行赋值
        if (this.bounceSpeed == 0) {
            this.bounceSpeed = Math.abs(rigidbody.linearVelocity.y);
        } else {
            // 此后将落地反弹的速度锁定为第一次落地的速度
            rigidbody.linearVelocity = new Vec2(0, this.bounceSpeed);
        }
    }, this);
}

onTouchStart() {
    // 只有小球落地后才可以进行操作
    if (this.bounceSpeed == 0) return;

    let rigidbody = this.ballNode.getComponent(RigidBody2D);
    // 将小球的下落速度变成反弹速度的 1.5 倍, 实现加速逻辑
    rigidbody.linearVelocity = new Vec2(0, -this.bounceSpeed * 1.5);
    this.gameState = 1; // 游戏开始
}
}
```

5.4　实现游戏核心逻辑

在上一小节我们已经成功地实现了小球的控制逻辑,接下来将着手实现游戏的核心逻辑部分,学习如何为游戏动态地添加跳板,并让小球在游戏中"跑起来"。

5.4.1　预制体

根据游戏规则，游戏开始后场景会向玩家提供多块可以踩踏的跳板，为了实现这一需求，我们可以在编辑场景时，通过复制的方式向场景中添加多块跳板。不过，采用这种方式添加的跳板会存在一个问题，即添加的跳板数量是有限的，当玩家控制小球前进足够远的距离后，将会出现跳板用完的情况。所以，我们希望在游戏运行的过程中，当发现跳板用完时，可以动态地添加。而想要动态地添加跳板，就需要一个新的概念"预制体"。

预制体（Prefab）是用于存储可复用场景对象的序列化文件，它可以包含节点、组件及组件上的数据。通俗地说，我们可以将预制体理解为专门用于复制的模板文件。这读起来似乎有些拗口，回想一下，我们在搭建场景的过程中，在复制某个对象前需要先制作一个可以用于复制的"原件"，之后才能在编辑器中基于"原件"进行相关的复制操作，而当我们将这个"原件"保存为序列化文件时，就可以将对应的文件称为预制体了。

此后，不论是在场景中还是脚本中，都可以使用同样的预制体进行复制。虽然直接使用对象进行复制与通过预制体进行复制，从结果上来说是相似的，但是通过使用预制体的方式，可以更加高效地组织和管理需要复制的对象模板。

预制体的制作方法十分简单，在场景中将节点编辑好之后，将其从层级管理器中拖动到资源管理器中，即可完成预制体资源的创建。将层级管理器中的【block】节点拖动到【prefabs】文件夹中，此时文件夹中会自动生成一个以【block】节点为范本的预制体，如图 5-11 所示。

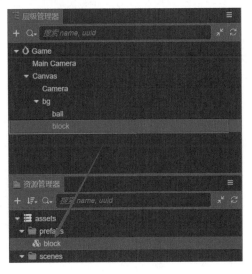

图 5-11　制作预制体

5.4.2　使用预制体创建新节点

在前面的内容中，我们已经将 block 对象制作成了预制体，后续在需要使用跳板时，只需要在脚本中使用预制体创建新的 block 对象即可，所以我们现在需要删除场景中原有的 block 对象。同时，为了便于管理后续生成的 block 对象，我们还需要在场景中创建一个名为 blocks 的空节点，该节点将用于存放所有的跳板对象，即后续生成的 block 节点都将作为其子节点，场景调整完成后如图 5-12 所示。

图 5-12　场景调整完成

接下来同步为 Game 脚本添加对应代码，让游戏在开始运行后自动创建出一定数量的初始跳板，代码如下。

```
@property({ type: Node })
private blocksNode: Node = null; // 绑定 blocks 节点
@property({ type: Prefab })
private blockPrefab: Prefab = null; // 绑定资源管理器中的 block 预制体文件
private blockGap: number = 250; // 两块跳板的间距

start() {
    //...
    this.ballNode.position = new Vec3(-250, 200, 0); // 设置小球的初始
位置
    this.initBlock(); // 初始化跳板
}

// 初始化跳板
initBlock() {
    let posX;

    for (let i = 0; i < 5; i++) {
        if (i == 0) {
            posX = this.ballNode.position.x; // 第一块跳板生成在小球下方
```

```
        } else {
            posX = posX + this.blockGap; // 根据间隔获取下一块跳板的位置
        }

        this.createNewBlock(new Vec3(posX, 0, 0));
    }
}

// 创建新跳板
createNewBlock(pos) {
    let blockNode = instantiate(this.blockPrefab); // 创建预制节点
    blockNode.position = pos; // 设置节点生成位置
    this.blocksNode.addChild(blockNode); // 将节点添加到 blocks 节点下
}
```

在前面添加的代码中，我们在场景加载后会将小球节点放置到固定的位置，之后通过 initBlock 函数对跳板进行初始化。这里需要注意的是，由于后续我们希望跳板会在游戏中被动态地创建，因此在跳板初始函数中只创建了 5 块跳板，保证小球在游戏开始后能够前进一段距离即可。代码修改完成后再次预览运行，我们将在游戏界面中看到由预制体生成的跳板。

5.4.3 让小球"跑起来"

在通常情况下，如果想让某个对象朝着固定的方向前进，那么只要为其设置单一方向的速度即可，但通过这种方式去控制小球移动，会让小球跑到屏幕外，这显然不是我们希望的效果。我们希望在小球前进的过程中，整个游戏的视角都会跟随小球进行移动。

当遇到这个问题时，我们可以通过两种方式来解决，一种是使用脚本实现摄像机对小球的跟随；另一种是采用相对移动的方式来实现，即小球本身保持不动而让跳板整体朝小球反向移动。由于本章的游戏场景并不复杂，因此我们将会采用后者来实现小球的跑动效果。

物体的运动是相对的，在小球保持原地跳跃的情况下，当所有的跳板都以固定的速度向左移动时，就会产生小球向右跑动的视觉效果。继续为 Game 脚本添加如下代码。

```
update(dt) {
    if (this.gameState == 1) {
        this.moveAllBlock(dt);
```

```
    }
}

// 移动所有跳板
moveAllBlock(dt) {
    let speed = -300 * dt; // 移动速度

    for (let blockNode of this.blocksNode.children) {
        let pos = blockNode.position.clone();
        pos.x += speed;
        blockNode.position = pos;

        this.checkBlockOut(blockNode); // 跳板出界处理
    }
}

// 获取最后一块跳板的位置
getLastBlockPosX() {
    let lastBlockPosX = 0;
    for (let blockNode of this.blocksNode.children) {
        if (blockNode.position.x > lastBlockPosX) {
            lastBlockPosX = blockNode.position.x;
        }
    }
    return lastBlockPosX;
}

// 跳板出界处理
checkBlockOut(blockNode) {
    // 跳板超出屏幕后将被销毁并生成新的跳板
    if (blockNode.position.x < -400) {
        let nextPosX = this.getLastBlockPosX() + this.blockGap;
        this.createNewBlock(new Vec3(nextPosX, 0, 0));
        blockNode.destroy(); // 销毁节点
    }
}
```

　　在上面添加的代码中，moveAllBlock 函数会控制所有的跳板以固定的速度向左移动。checkBlockOut 函数会检测每一块跳板在移动后是否已经离开屏幕，如果有跳板离开屏幕，则在最后一块跳板后继续生成新的跳板，并将当前跳板进行销毁。

这里需要注意的是，由于当前的引擎编辑器的设计问题，在使用 **Box2D** 物理模块的情况下，我们不能通过在脚本中移动父节点的方式来让子节点整体移动，如果需要移动所有的跳板，则必须遍历所有的 block 节点，并对其单独操作。

代码添加完成后再次预览运行，此时小球就可以跑起来了，不论我们操控小球前进多远，游戏中的跳板永远都不会被用完。

5.4.4　细节优化与完善

经过前面的步骤，我们的游戏已经可以成功地玩起来了，不过还有一些小细节可以进行优化。接下来为游戏添加计分与死亡判定逻辑，并对一些代码细节进行优化与完善。

右击【bg】节点，在弹出的快捷菜单中选择【创建】→【2D 对象】→【Label（文本）】命令，创建一个 Label 组件，并将其命名为【score】，创建完成后在属性检查器中将 Label 的【FontSize】和【LineHeight】属性的值都修改为【100】，并将【String】的值修改为【0】，之后将 score 节点移动到(0,500,0)，完成后如图 5-13 所示。

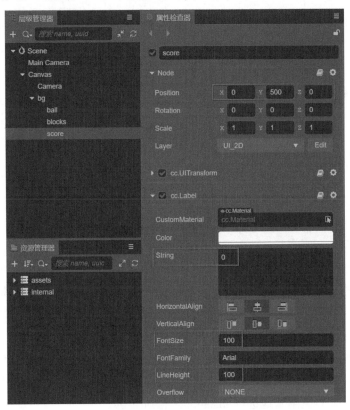

图 5-13　添加得分节点 score

场景编辑完成后，将 Game 脚本进行调整，相关代码如下。

```
@property({ type: Label })
private scoreLabel: Label = null; // 绑定 score 节点

private score: number = 0; // 游戏得分

// 跳板出界处理
checkBlockOut(blockNode) {
    if (blockNode.position.x < -400) {
        // 将出界跳板的坐标修改为下一块跳板出现的位置
        let nextBlockPosX = this.getLastBlockPosX() + this.blockGap;
        let nextBlockPosY = (Math.random() > .5 ? 1 : -1) * (10 + 40
* Math.random());
        blockNode.position = new Vec3(nextBlockPosX, nextBlockPosY, 0);

        this.incrScore(); // 增加得分
    }

    // 小球掉出屏幕
    if (this.ballNode.position.y < -700) {
        this.gameState = 2;
        Director.instance.loadScene('Game'); // 重新加载 Game 场景
    }
}

// 增加得分
incrScore() {
    this.score = this.score + 1;
    this.scoreLabel.string = String(this.score);
}
```

在上面的代码中，我们为游戏添加了计分与死亡判定逻辑，同时对之前的跳板生成与销毁的逻辑进行了修改。在之前的代码中，我们频繁地使用了 instantiate 和 destroy 方法来动态地生成与销毁跳板，而节点的创建和销毁操作是非常损耗性能的，一旦场景变得复杂，就会出现卡顿的情况。

经过分析不难发现，每次跳板被销毁后，都会立刻在新的位置生成新的跳板，而被销毁的跳板与新生成的跳板只有坐标是不同的，因此我们可以通过循环使用已经创建的跳板来避免频繁地进行 instantiate 和 destroy。

同时，为了增加趣味性，我们还对每次新生成的跳板进行了高度随机化处理。再次预览运行，当小球跳过第五块跳板后，我们将看到新生成的跳板的高度会产生变化，与此同时游戏的性能也得到了相应的优化。

5.4.5 小节代码一览

在本小节中，Game 脚本的最终代码如下所示。

```typescript
import { _decorator, Component, Node, RigidBody2D, Vec2, input,
Input, Collider2D, Contact2DType, Vec3, instantiate, Prefab, Label,
Director } from 'cc';
const { ccclass, property } = _decorator;

@ccclass('Game')
export class Game extends Component {

    @property({ type: Node })
    private ballNode: Node = null; // 绑定 ball 节点

    @property({ type: Node })
    private blocksNode: Node = null; // 绑定 blocks 节点

    @property({ type: Prefab })
    private blockPrefab: Prefab = null; // 绑定 block 预制体文件

    @property({ type: Label })
    private scoreLabel: Label = null; // 绑定 score 节点

    private blockGap: number = 250; // 两块跳板的间距
    private bounceSpeed: number = 0; // 小球第一次落地时的速度
    private gameState: number = 0; // 0：等待开始，1：游戏开始，2：游戏结束

    private score: number = 0; // 游戏得分

    start() {
        input.on(Input.EventType.TOUCH_START, this.onTouchStart,
this);

        this.collisionHandler();
```

```
            this.ballNode.position = new Vec3(-250, 200, 0); // 设置小球的
初始位置
        this.initBlock(); // 初始化跳板
    }

    update(dt) {
        if (this.gameState == 1) {
            this.moveAllBlock(dt);
        }
    }

    collisionHandler() {
        let collider = this.ballNode.getComponent(Collider2D);
        let rigidbody = this.ballNode.getComponent(RigidBody2D);

        collider.on(Contact2DType.BEGIN_CONTACT, () => {
            // 首次落地前 bounceSpeed 值为 0，此时会将小球的落地速度的绝对值进
行赋值
            if (this.bounceSpeed == 0) {
                this.bounceSpeed = Math.abs(rigidbody.linearVelocity.y);
            } else {
                // 此后将落地反弹的速度锁定为第一次落地时的速度
                rigidbody.linearVelocity = new Vec2(0,
this.bounceSpeed);
            }
        }, this);
    }

    onTouchStart() {
        // 只有小球落地后才可以进行操作
        if (this.bounceSpeed == 0) return;

        let rigidbody = this.ballNode.getComponent(RigidBody2D);
        // 将小球的下落速度变成反弹速度的 1.5 倍，实现加速逻辑
        rigidbody.linearVelocity = new Vec2(0, -this.bounceSpeed * 1.5);
        this.gameState = 1; // 游戏开始
    }

    // 初始化跳板
    initBlock() {
```

```
        let posX;

        for (let i = 0; i < 5; i++) {
            if (i == 0) {
                posX = this.ballNode.position.x; // 第一块跳板生成在小球
下方
            } else {
                posX = posX + this.blockGap; // 根据间隔获取下一块跳板的位置
            }

            this.createNewBlock(new Vec3(posX, 0, 0));
        }
    }

    // 创建新跳板
    createNewBlock(pos) {
        let blockNode = instantiate(this.blockPrefab); // 创建预制节点
        blockNode.position = pos; // 设置生成节点的位置
        this.blocksNode.addChild(blockNode); // 将节点添加到 blocks 节点下
    }

    // 移动所有跳板
    moveAllBlock(dt) {
        let speed = -300 * dt; // 移动速度

        for (let blockNode of this.blocksNode.children) {
            let pos = blockNode.position.clone();
            pos.x += speed;
            blockNode.position = pos;

            this.checkBlockOut(blockNode); // 跳板出界处理
        }
    }

    // 获取最后一块跳板的位置
    getLastBlockPosX() {
        let lastBlockPosX = 0;
        for (let blockNode of this.blocksNode.children) {
            if (blockNode.position.x > lastBlockPosX) {
                lastBlockPosX = blockNode.position.x;
```

```
        }
    }
    return lastBlockPosX;
}


// 跳板出界处理
checkBlockOut(blockNode) {
    if (blockNode.position.x < -400) {
        // 将出界跳板的坐标修改为下一块跳板出现的位置
        let nextBlockPosX = this.getLastBlockPosX() + this.blockGap;
        let nextBlockPosY = (Math.random() > .5 ? 1 : -1) * (10 +
40 * Math.random());
        blockNode.position = new Vec3(nextBlockPosX,
nextBlockPosY, 0);

        this.incrScore(); // 增加得分
    }


    // 小球掉出屏幕
    if (this.ballNode.position.y < -700) {
        this.gameState = 2;
        Director.instance.loadScene('Game'); // 重新加载 Game 场景
    }
}

// 增加得分
incrScore() {
    this.score = this.score + 1;
    this.scoreLabel.string = String(this.score);
}
}
```

5.5 遮罩的妙用

通过使用 Cocos Creator 内置的单色对象，我们可以方便地制作出场景所需的纯色矩形对象，例如本章的游戏背景以及游戏中的跳板等。而当我们想要制作游戏中的小球对象时，会发现编辑器并未直接向我们提供对应的圆形单色对象。

在通常情况下，如果要在编辑器中使用其他形状的单色图形，可以从外部导入对应形状的单色图片。当然，也可以通过使用 Cocos Creator 中的遮罩组件，将默认的矩形单色对象改造为我们需要的形状。在这一小节中，我们将会学习遮罩的相关知识，并尝试利用遮罩的特性将矩形单色对象改造为各种有趣的形状。

5.5.1　遮罩组件简介

遮罩（Mask）用于规定子节点可以渲染的范围。默认带有 Mask 组件的节点会使用该节点的约束框（也就是属性检查器中 Node 组件的 ContentSize 规定的范围）创建一个矩形渲染遮罩，该节点的所有子节点都会依据这个遮罩进行裁剪，遮罩范围外的部分将不会被渲染。

我们可以将遮罩组件整体地想象成一块"黑布"，当它"盖在"节点上时，组件下的子节点的显示区域会被遮罩组件"挡住"，玩家只能透过"挖空"的部分看到里面的内容，即遮罩的剪裁区域，不同形状的遮罩区域（白色部分）如图 5-14 所示。

图 5-14　不同形状的遮罩区域（白色部分）

双击资源管理器中的 Menu 场景文件，将编辑场景切换为 Menu，在本小节中，我们将基于该场景进行操作。在切换完成后，右击场景下的【bg】节点，在弹出的快捷菜单中选择【创建】→【2D 对象】→【Mask（遮罩）】命令，创建一个带有遮罩组件的对象，并将其名字修改为【my_mask】，完成后如图 5-15 所示。

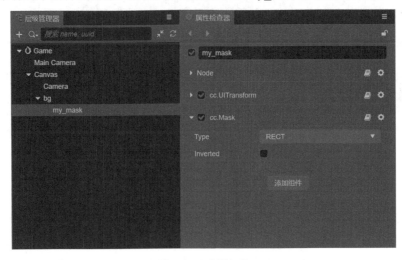

图 5-15　遮罩组件

这里我们可以看到 Mask 组件的基础属性，如表 5-3 所示。

表 5-3   Mask 组件的基础属性

属　　性	功　能　说　明
Type	遮罩类型。包括 RECT、ELLIPSE、GRAPHICS_STENCIL、IMAGE_STENCIL 四种类型
Segments	椭圆遮罩的曲线细分数，只在遮罩类型为 ELLIPSE 时生效
Inverted	反向遮罩
SpriteFrame	图片遮罩所使用的图片，只在遮罩类型为 IMAGE_STENCIL 时生效

5.5.2　椭圆遮罩

前面我们已经添加了一个带有遮罩组件的 my_mask 节点，为了更加直观地演示遮罩的效果，接下来我们会尝试使用椭圆遮罩，将现有的矩形单色对象制作为"圆形单色对象"。

制作的方法十分简单，我们只需要在 my_mask 节点下创建一个单色节点，并将 Mask 组件的【Type】修改为【ELLIPSE】即可。此时 my_mask 节点下的单色对象将会被椭圆遮罩剪裁，我们也就得到了一个圆形的单色对象，如图 5-16 所示。

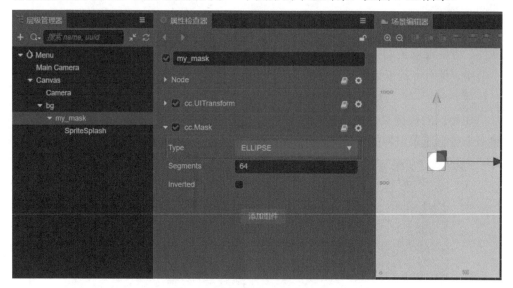

图 5-16　椭圆遮罩

5.5.3　反向遮罩

反向遮罩顾名思义就是让遮罩的效果反过来，普通遮罩模式显示的是遮罩形状的部分，而反向遮罩则显示遮罩形状以外的部分。值得一提的是，在 Cocos Creator 中设置反向遮罩十分简单，我们只需要勾选【Inverted】复选框，就可以获得对应的反向遮罩了，如图 5-17 所示。

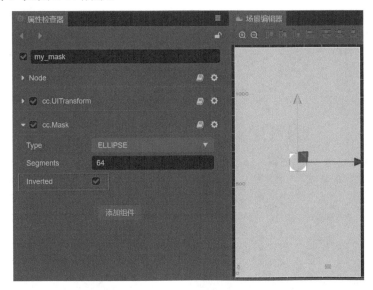

图 5-17　反向遮罩

灵活地使用反向遮罩可以帮助我们制作出有趣的图形，接下来可以尝试使用两个遮罩节点来制作一个空心圆。

首先用上一节中学到的方法在 bg 节点下创建一个圆形单色对象，并将其命名为【hollow】。然后在【bg】节点下创建一个遮罩对象并将其命名为【ball】，并将其遮罩类型修改为【ELLIPSE】，尺寸调整为 50px×50px。再将【hollow】节点拖动到【ball】节点下，此时我们会发现圆"变小"了，如图 5-18 所示。

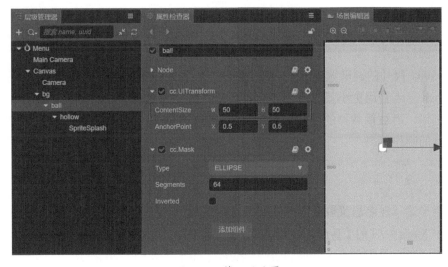

图 5-18　第二层遮罩

最后将 ball 节点遮罩组件的【Inverted】复选框勾选上，这个时候神奇的事情发生了，我们仅通过两个遮罩节点就制作了一个空心圆，如图 5-19 所示。

图 5-19　空心圆

再回过头分析一下制作思路，首先，我们用 hollow 节点制作了一个 100px×100px 尺寸的圆形遮罩，即一个 100px×100px 的圆形单色对象。然后，我们又制作了一个 50px×50px 尺寸的圆形遮罩节点 ball，当我们将 hollow 节点放到 ball 节点下时，上层的 ball 节点会用更小尺寸的圆形遮罩对 hollow 进行裁剪，我们也就得到了一个更小的圆形。而被裁剪掉的部分正是我们需要的空心圆，此时勾选反向遮罩就完成了空心圆的制作。

5.5.4　矩形遮罩

矩形遮罩顾名思义就是一个矩形的遮罩区域。为了便于观察，我们直接将 ball 节点中 Mask 组件的【Type】类型修改为【RECT】，这样我们就得到了一个矩形的遮罩区域。空心圆的中心部分也就由圆形变成了矩形，如图 5-20 所示。

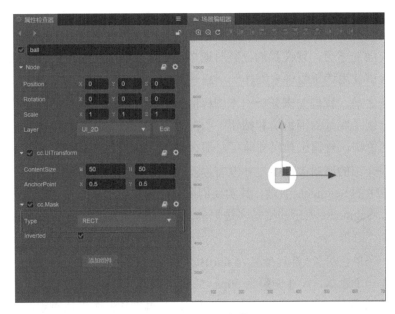

图 5-20　矩形遮罩

5.5.5　自定义图形遮罩

自定义图形遮罩可以通过图片来设定遮罩区域，图片的非透明部分会变成遮罩区域。我们可以新建一个【IMAGE_STENCIL】类型的遮罩并将其命名为【grides】，之后将【grids】图片拖动到遮罩组件的【SpriteFrame】属性上，此时遮罩节点将会由单色变成与遮罩图片一致的网格状，完成后如图 5-21 所示。

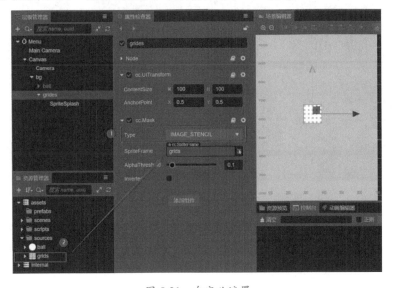

图 5-21　自定义遮罩

5.5.6 制作【开始】按钮

经过前面的学习，现在我们已经对遮罩组件有了基本的了解，接下来让我们实战一下，尝试使用遮罩组件来制作一个扁平风的开始按钮。

在制作之前，我们先来分析一下图标的构成，本小节中制作的开始按钮由两部分组成，分别是底部的纯色块和按钮中心的三角形图标。我们直接使用单色对象作为底部的纯色块，再调整其尺寸即可，那么要如何制作三角形呢？

在前面介绍的遮罩类型中，并没有提及正多边形类型，不过相信你已经注意到了椭圆遮罩中的 Segments 参数，其实我们所使用的椭圆遮罩本质上就是一个"正多边形遮罩"，Segments 表示的则是多边形的边数，当边数足够多了之后，在视觉上就变成了一个"圆形"。

新建一个单色对象，将其命名为 startBtn，调整其尺寸为 200px×100px。在 startBtn 节点下新建一个遮罩，尺寸调整为 50px×50px，将遮罩【Type】修改为【ELLIPSE】，【Segments】参数修改为【3】。最后在遮罩节点下再创建一个单色对象，并将其颜色调整为#87CEEB，与背景色保持一致。这样我们就得到了一个带有三角形图案的开始按钮，如图 5-22 所示。

图 5-22　带有三角形图案的【开始】按钮

这个【开始】按钮看起来是不是还不错？巧妙地使用遮罩可以帮助我们在没有多余的素材时，制作出丰富的图形，当然这一切都取决于你的想象力，多进行尝试，看看自己能做出什么有趣的图形吧。

5.5.7　制作【开始】界面

现在我们已经制作好了一个【开始】按钮，接下来让我们将其应用到游戏之中，为其实现对应的跳转逻辑，并完成【开始】界面的搭建。

删除 bg 节点下的多余节点，将 startBtn 移动到(0,-100,0)。选择【添加组件】→【UI】→【Button】命令，为 startBtn 节点添加按钮组件，并将按钮组件的【Transition】属性调整为【SCALE】。

右击【bg】节点，在弹出的快捷菜单中选择【创建】→【2D 对象】→【Label（文本）】命令，创建一个 Label 组件，并将其命名为【title】，创建完成后在属性检查器中将 Label 的【FontSize】和【LineHeight】属性的值都修改为【90】，并将【String】修改为【跃动小球】，之后将 title 节点移动到(0,400,0)。操作完成后，如图 5-23 所示。

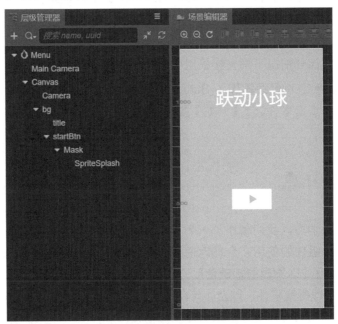

图 5-23　【开始】界面

在资源管理器的 scripts 文件夹下创建 Menu 脚本，并将脚本挂载到 Canvas 节点上，之后为 Menu 脚本添加如下代码。

```
import { _decorator, Component, Node, Button, Director, find } from
'cc';
const { ccclass, property } = _decorator;

@ccclass('Menu')
export class Menu extends Component {
```

```
start() {
    let btnNode = find('/Canvas/bg/startBtn');
    btnNode.on(Button.EventType.CLICK, this.gameStart, this);
}

gameStart() {
    Director.instance.loadScene('Game'); // 跳转到 Game 场景
}
}
```

相信你已经注意到了，在上面的代码中，我们使用了 find 函数获取 startBtn 节点，通过这种方式只需要在 find 函数中传入节点对应的路径即可，当存在对应节点时即可获取节点对象，省去了在属性检查器中进行绑定的步骤。

通常情况下，在稍微复杂的项目中，一般会使用一个全局脚本来统一管理节点，不会采用属性检查器拖动管理的方式。这里需要注意的是，由于我们的项目本身并不复杂，所以大部分情况下都直接采用了拖动的方式进行绑定。

由于 startBtn 节点已经添加了 Button 组件，因此在获取该节点后，我们可以直接监听它的按钮点击事件。当【开始】按钮被按下时，游戏场景会直接从 Menu 跳转到 Game。

5.6 本章小结

通过本章的学习，我们制作了一个非常有趣的跑酷小游戏，在制作的过程中，我们学会了遮罩组件的使用，合理地使用遮罩可以帮助我们用有限的素材制作出各种图形；也学会了 2D 物理的基础使用方法；还学会了如何为节点添加物理碰撞、如何监听并响应物理碰撞事件，以及如何在游戏中动态地创建与销毁节点。

这是我们一起制作的第三个小游戏，相信你在完成了这个小游戏的制作后，一定又加深了对 Cocos Creator 游戏开发的理解，这非常不错。下一章我们将继续通过实战的方式学习更多有趣的游戏开发知识。

第 6 章

音频系统——益智小游戏《迷你拼图》

本章将介绍如何制作一个非常有趣的益智小游戏——《迷你拼图》。通过对本章的学习，你将会掌握游戏开发中常用的知识点，包括如何动态加载资源，如何为游戏添加背景音乐与音效等。学习这些知识可以为日后的游戏开发打下良好的基础。

6.1 模块简介及基础准备

6.1.1 游戏简介

《迷你拼图》是一款非常经典的益智小游戏，游戏开始后会为玩家提供被打乱的拼图块，玩家需要将 $N×N$ 的拼图块恢复到原图的状态，如图 6-1 所示。

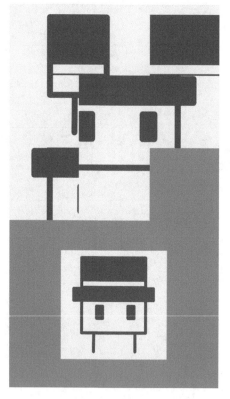

图 6-1 被打乱的 3×3 拼图块（上）和原图（下）

6.1.2 游戏规则

《迷你拼图》的游戏规则如下。

- 游戏开始后将原图切割为 $N×N$ 的小图块，并将右下角的图块移除。
- 系统通过对拼图块进行有限次的随机滑动，将所有的拼图块打乱。

- 拼图块只能从当前位置移动到上、下、左、右四个方向的相邻空白区域，当相邻区域不存在空白区域时，当前方块则无法进行移动。
- 玩家将所有的拼图块复原后，出现游戏的完整图像，游戏结束。

6.1.3 创建游戏项目

打开 Cocos Dashboard，点击【项目】选项卡，点击【新建】按钮打开项目创建面板，选择【Empty(2D)】模板，在将【项目名称】修改为【demo-006】之后点击【创建】按钮，如图 6-2 所示。

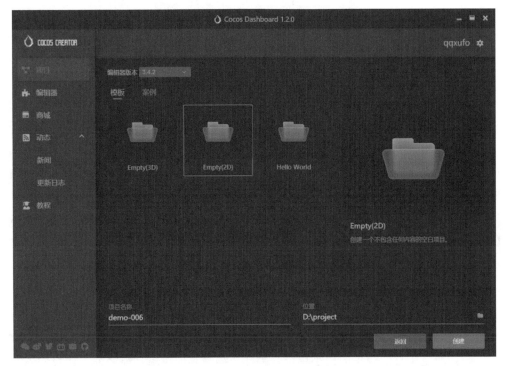

图 6-2 创建新项目

6.1.4 目录规划与资源导入

在资源管理器中依次创建四个文件夹，并分别将其命名为 scenes、scripts、prefabs、resources，其中 scenes 文件夹用于存放场景资源，scripts 文件夹用于存放脚本资源，resources 文件夹用于存放游戏中需要动态加载的素材资源，prefabs 文件夹用于存放游戏中的预制体资源。文件夹建立完成后将游戏中需要用到的素材资源导入 resources 文件夹中，完成后的项目目录结构如图 6-3 所示。

图 6-3　项目目录结构

6.1.5　场景初始化

在编辑器顶部选择【项目】→【项目设置】→【项目数据】命令，进入项目数据调整面板，在面板中分别将【设计宽度】和【设计高度】的值修改为【720】和【1280】。

右击层级管理器，在弹出的快捷菜单中选择【创建】→【UI 组件】→【Canvas（画布）】命令，创建一个 Canvas 节点。创建完成后使用组合键"Ctrl+S"将当前场景保存到 scenes 文件夹下，并将场景命名为【Game】。

右击【Canvas】节点，在弹出的快捷菜单中选择【创建】→【2D 对象】→【SpriteSplash（单色）】命令，创建一个单色节点，并将节点命名为【bg】，同时将它的尺寸修改为 720px×1280px，并将颜色调整为#92989B，用作项目的背景。

6.2　制作拼图块

拼图块是本章游戏中的最小单位，因此在编写其他逻辑功能之前，让我们先着手制作拼图块。

6.2.1　图片资源的动态加载

在前面几章中，我们都是通过在属性管理器上拖动绑定资源文件来加载资源的，虽然使用这种方式加载资源会比较直观和方便，但是也存在着一定的局限性。例如，当我们遇到根据关卡加载不同的图片素材的需求时，如果一次性将所有关卡的资源都进行手动绑定，显然是不合理的。这个时候我们就希望实现资源的动态加载，即需要用到对应的素材时才通过脚本对素材进行加载。

在编辑场景时，除了拖动绑定的方式，Cocos Creator 还支持在游戏运行过程中动态加载资源并进行设置的方式。我们可以通过将资源放在 resources 目录下，并配合 resources.load 等 API 来实现动态加载。

在 bg 节点下新建一个单色对象并命名为【block】，并将其大小修改为 360px×360px，之后在 scripts 文件夹中新建 Block 脚本文件，新建完成后将 Block 脚本与 block 节点进行绑定，完成后如图 6-4 所示。

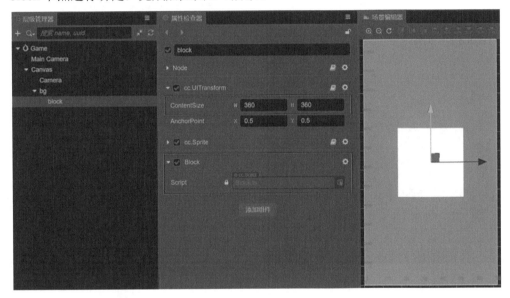

图 6-4　block 对象

接下来我们尝试在代码中动态加载图片资源，并将 block 对象默认的精灵帧（SpriteFrame）资源进行替换，Block 脚本的代码如下。

```
import { _decorator, Component, Node, resources, Texture2D,
SpriteFrame, Sprite } from 'cc';
const { ccclass, property } = _decorator;


@ccclass('Block')
export class Block extends Component {
    start() {
        resources.load('pic_1/texture', Texture2D, (err, texture) => {
            if (err) {
                console.error(err);
                return;
            }

        const sprite = this.getComponent(Sprite);
```

```
        const spriteFrame = new SpriteFrame();
        spriteFrame.texture = texture;
        sprite.spriteFrame = spriteFrame;
    });
}
```

图 6-5　texture 子资源

代码添加完成后预览运行，此时你会发现 block 对象由默认的单色替换成了动态加载的图像。这里需要注意的是，resources.load 函数传入的是 resources 文件夹的相对路径，路径的结尾处不能包含文件扩展名。

以上面的代码为例，代码中动态加载的是 resources 文件夹下的 pic_1 图像的 Texture2D 资源，因此填写的路径为【pic_1/texture】，其中 texture 为 pic_1 图像的子资源，可以通过资源管理器进行查看，如图 6-5 所示。

6.2.2　设置 SpriteFrame 的纹理区域

假设现在需要制作 2×2 的拼图，那么我们可以先将原图的纹理区域分割为 4 份，之后每个位置的拼图块都只需要加载相应区域的纹理即可。前面我们已经成功地实现了图像资源的动态加载，不过此时加载的图像纹理是完整的，而我们想要的只是完整纹理中的一部分，为此我们可以在脚本中为 SpriteFrame 指定读取的纹理区域，代码如下。

```
spriteFrame.rect = new Rect(0, 0, 360, 360); // 读取指定纹理区域
```

在上面的代码中，我们通过为 rect 属性赋值指定了需要的纹理区域。在 Rect(x, y, width, height)中，x 与 y 表示读取的纹理的起点坐标，width 与 height 表示读取的纹理的宽和高。

由于我们动态加载的图片尺寸为 720px×720px，因此 Rect(0, 0, 360, 360)表示的就是读取纹理区的 1 号图块，而 Rect(360, 0, 360, 360)表示的是读取纹理区的 2 号图块，以此类推，如图 6-6 所示。

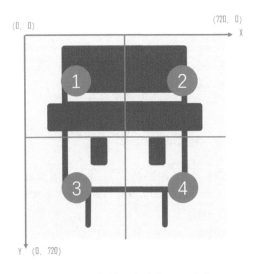

图 6-6　分割后的图像纹理区域

6.2.3　制作拼图块预制体

在本章游戏中，我们会使用到多个拼图块，而每个拼图块对象的特性都是一致的，因此为了减少重复的工作量，我们可以将拼图块对象制作成预制体，以便后续进行复用。从层级管理器中将 block 对象拖动到 prefabs 文件夹中，在生成预制体后从场景中删除 block 对象，完成后如图 6-7 所示。

图 6-7　制作 block 预制体

接下来将 Block 脚本的代码进行修改，如下所示。

```
import { _decorator, Component, Node, resources, Texture2D,
SpriteFrame, Sprite, Rect, Vec2, UITransform, director} from 'cc';
const { ccclass, property } = _decorator;

@ccclass('Block')
export class Block extends Component {

    public stIndex = new Vec2(0, 0); // 初始位置下标
    public nowIndex = new Vec2(0, 0); // 当前位置下标

    start() {
        this.node.on(Node.EventType.TOUCH_START, this.onBlockTouch,
this);
    }

    onBlockTouch() {
        director.emit('click_pic', this.nowIndex);
    }

    init(texture, blockSide, index) {
        const sprite = this.getComponent(Sprite);
        const spriteFrame = new SpriteFrame();

        const UITransform = this.getComponent(UITransform);
        UITransform.setContentSize(blockSide, blockSide);

        spriteFrame.texture = texture;
        spriteFrame.rect = new Rect(index.x * blockSide, index.y *
blockSide, blockSide, blockSide);
        sprite.spriteFrame = spriteFrame;

        this.nowIndex = index;
        this.stIndex = index;
    }
}
```

在上面的代码中，我们在 start 函数中为拼图块添加了点击响应事件，当单个拼图块被点击时，变量 nowIndex 将会通过自定义的全局事件 click_pic 一同发送出去。

同时我们还添加了拼图块的初始化函数 init，函数中需要传递 texture（目标纹理）、blockSide（拼图块边长）、index（拼图块初始下标）三个变量，并通过它们完成单个拼图块的初始化。

6.3　实现游戏核心逻辑

在上一小节中，我们已经制作好了游戏所需的拼图块预制体，让我们继续编写游戏的核心逻辑部分。

6.3.1　初始化拼图块

为了便于后续动态添加拼图块，在编写代码前我们还需要进行一些修改，将 bg 节点的锚点修改为(0,1)，同时将其坐标调整为(-360,640,0)，如图 6-8 所示。

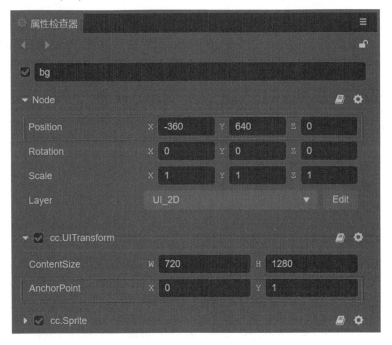

图 6-8　调整 bg 节点

接下来双击资源管理器中的 block 预制体，同样将它的锚点修改为(0,1)，完成后点击【保存】→【关闭】按钮，如图 6-9 所示。

图 6-9　调整 block 预制体

在资源管理器的 scripts 文件夹下创建 Game 脚本，并将脚本挂载到 Canvas 节点上，代码如下所示。

```
import { _decorator, Component, Node, EventTarget, Prefab,
Texture2D, resources, instantiate, Vec3, Vec2 } from 'cc';
const { ccclass, property } = _decorator;

import { Block } from './Block';

@ccclass('Game')
export class Game extends Component {
    @property({ type: Prefab })
    private blockPrefab: Prefab = null; // 绑定 block 预制体

    @property({ type: Node })
    private bgNode: Node = null; // 绑定 bg 节点

    private blockNum: number = 3;  // 拼图规模
    private picNodeArr = [];

    start() {
        this.loadPicture();
    }


    loadPicture() {
```

```
    resources.load('pic_1/texture', Texture2D, (err, texture) => {
        if (err) {
            console.error(err);
            return;
        }

        this.initGame(texture);
    });
}

initGame(texture) {
    this.picNodeArr = [];

    // 计算拼图块的边宽
    let blockSide = texture.image.width / this.blockNum;

    // 生成 N×N 的拼图块，其中 N 为 blockNum
    for (let i = 0; i < this.blockNum; i++) {
        this.picNodeArr[i] = [];
        for (let j = 0; j < this.blockNum; j++) {
            const blockNode = instantiate(this.blockPrefab);
            const blockScript = blockNode.getComponent('Block')
as Block;

            blockNode.setPosition(new Vec3(j * blockSide, -i *
blockSide, 0));
            blockScript.init(texture, blockSide, new Vec2(j, i));
            this.picNodeArr[i][j] = blockNode;
            this.bgNode.addChild(blockNode);
        }
    }
}
```

　　代码添加完成后，在编辑器中分别将 block 预制体及背景节点进行绑定，预览运行就可以看到完整的 3×3 拼图了。

6.3.2　打乱拼图块

　　在上一步中，我们已经成功地生成了 N×N 的拼图块，继续编写代码来将拼图打乱，在 Game 脚本中添加如下代码。

```
private hideBlockNode: Node;

loadPicture() {
    // 随机读取一个拼图素材
    let pic_num = Math.floor(Math.random() * 2) + 1;

    // 需要注意的是，此处使用了模板字符串，模板字符串需要使用键盘左上角的反引号
"`"而并非普通的引号"'"，此处不展开讲解，如果感兴趣，可以搜索"模板字符串"关键
字查询相关知识
    resources.load(`pic_${pic_num}/texture`, Texture2D, (err,
texture) => {
        if (err) {
            console.error(err);
            return;
        }

        this.initGame(texture);
        this.removeOnePic();
        this.randPic();
    });
}

// 挖空右下角的拼图块
removeOnePic() {
    let pos = new Vec2(this.blockSize - 1, this.blockSize - 1);
    let picNode = this.picNodeArr[pos.y][pos.x];
    picNode.active = false;
    this.hideBlockNode = picNode;
}

// 打乱拼图块
randPic() {
    let swapTimes = 100; // 随机次数

    for (let i = 0; i < swapTimes; i++) {
        let dirs = [
            new Vec2(0, 1),
            new Vec2(0, -1),
```

```
            new Vec2(1, 0),
            new Vec2(-1, 0)
        ];

        let randDir = dirs[Math.floor(Math.random() * dirs.length)];
        let hideBlockNodeScript = this.hideBlockNode.getComponent
('Block') as Block;
        let nearIndex = hideBlockNodeScript.nowIndex.clone().add
(randDir);

        // 越界检测
        if (nearIndex.x < 0 ||
            nearIndex.x >= this.blockSize ||
            nearIndex.y < 0 ||
            nearIndex.y >= this.blockSize) {
            continue;
        }

        this.swapPicByPos(hideBlockNodeScript.nowIndex, nearIndex);
    }
}

// 交换两个位置的拼图块
swapPicByPos(nowPos, desPos) {
    let nowPicNode = this.picNodeArr[nowPos.y][nowPos.x];
    let desPicNode = this.picNodeArr[desPos.y][desPos.x];

    // 交换位置
    let tempPos = nowPicNode.position.clone();
    nowPicNode.position = desPicNode.position;
    desPicNode.position = tempPos;

    // 交互标记
    let nowPicNodeScript = nowPicNode.getComponent('Block') as Block;
    let desPicNodeScript = desPicNode.getComponent('Block') as Block;
    let tempIndex = nowPicNodeScript.nowIndex.clone();
    nowPicNodeScript.nowIndex = desPicNodeScript.nowIndex;
    desPicNodeScript.nowIndex = tempIndex;

    // 交换数组标记位置
```

```
    let tempNode = nowPicNode;
    this.picNodeArr[nowPos.y][nowPos.x] = desPicNode;
    this.picNodeArr[desPos.y][desPos.x] = tempNode;
}
```

上面添加的代码会先将右下角的拼图块挖空，然后将拼图块按照合理的规则进行打乱，此时预览运行将会得到 N×N-1 的乱序拼图块。

6.3.3 处理拼图点击事件

我们在制作 block 预制体时，为其添加了一个点击响应，并派发了全局自定义事件 click_pic，接下来只需要在 Game 脚本中监听相应的事件，并根据事件传递的拼图块的坐标 nowIndex 来处理相应的点击行为即可，继续在 Game 脚本中添加如下代码。

```
start() {
    // ...

    director.on('click_pic', this.onClickPic, this);
}

// 点击处理
onClickPic(nowIndex) {
    let dirs = [
        new Vec2(0, 1),
        new Vec2(0, -1),
        new Vec2(1, 0),
        new Vec2(-1, 0)
    ];

    let nearBlockNode;

    // 检查上、下、左、右是否有位置可以移动
    for (let dir of dirs) {
        let nearIndex = nowIndex.clone().add(dir);

        // 越界检测
        if (nearIndex.x < 0 ||
            nearIndex.x >= this.blockSize ||
            nearIndex.y < 0 ||
```

```
            nearIndex.y >= this.blockSize) {
            continue;
        }

        let blockNode = this.picNodeArr[nearIndex.y][nearIndex.x];
        if (!blockNode || blockNode.active) continue;

        nearBlockNode = blockNode;
    }

    // 如果存在合法位置，当前位置与空位交互
    if (nearBlockNode) {
        let nearBlockNodeScript = nearBlockNode.getComponent('Block')
as Block;
        this.swapPicByPos(nowIndex, nearBlockNodeScript.nowIndex);
        this.completeCheck();
    }
}

// 完成检测
completeCheck() {
    let cnt = 0;
    for (let i = 0; i < this.blockSize; i++) {
        for (let j = 0; j < this.blockSize; j++) {
            const blockNode = this.picNodeArr[i][j];
            const blockNodeScript = blockNode.getComponent('Block')
as Block;

            if (blockNodeScript.nowIndex.equals(blockNodeScript.
stIndex)) {
                cnt++;
            }
        }
    }

    // 拼图是否全部归位
    if (cnt == this.blockSize * this.blockSize) {
        this.hideBlockNode.active = true;
        console.log('游戏结束');
    }
```

```
}
```

代码添加完成后再次预览运行，当我们点击拼图块时，如果拼图块可以进行移动则会移动到空白块上。当所有的拼图块正确归位后，完整的图像将会出现，同时控制台输出【游戏结束】。

6.4　为游戏添加音乐

音乐是游戏中不可或缺的一部分，好的音乐能让游戏更加真实、富有沉浸感。在上一节中，我们已经完成了拼图的核心逻辑，游戏已经可以成功地玩起来了。接下来让我们为游戏添加背景音乐和音效，让游戏变得更加完善。

6.4.1　音频资源

Cocos Creator 支持导入大多数常见的音频文件格式，成功导入的音频文件会在资源管理器中生成相应的音频资源（AudioClip），如图 6-10 所示。

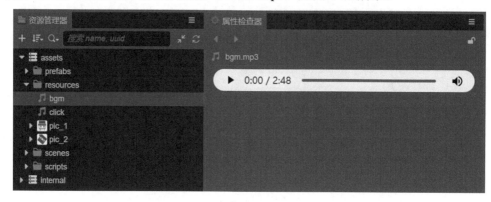

图 6-10　成功导入的音频资源

目前 Cocos Creator 支持导入以下格式的音频文件，如表 6-1 所示。

表 6-1　Cocos Creator 支持导入的音频文件格式

音频格式	说明
.ogg	.ogg 是一种开源的有损音频压缩格式，与同类型的音频压缩格式相比，它的优点在于支持多声道编码，采用更加先进的声学模型来减少音质损失，同时在相同条件下该格式文件比 .mp3 格式文件小
.mp3	.mp3 是最常见的一种数字音频编码和有损压缩格式，其通过舍弃 PCM 音频资料中对人类听觉不重要的部分，来达到压缩文件的目的。但对于大多数的用户来说，压缩后的音质与压缩前的相比在听觉感受上并没有明显的下降。MP3 被大量软件与硬件支持，应用广泛，是目前的主流音频格式
.wav	.wav 是微软与 IBM 公司专门为 Windows 开发的一种标准数字音频文件格式。该文件格式能记录各种单声道或立体声的声音信息，并能保证声音不失真。因为音频格式未经过压缩，所以该格式文件占用的空间相对较大

续表

音频格式	说明
.mp4	.mp4 是一套用于音频、视频信息的压缩编码标准格式。对于不同的对象可以采用不同的编码算法，从而进一步提高压缩效率
.m4a	.m4a 是仅有音频的 MP4 文件格式。该格式的音频质量是压缩格式中比较高的。在相同的比特率下，该格式文件占用的空间更小

6.4.2　AudioSource 组件简介

为了在游戏中播放音频，我们需要使用 AudioSource 组件来控制音乐和音效的播放。在 Game 场景下新建一个空节点并将其命名为【AudioManager】，右击该节点，在弹出的快捷菜单中选择【添加组件】→【Audio】→【cc.AudioSource】命令，完成后如图 6-11 所示。

图 6-11　AudioSource 组件

AudioSource 组件的属性如表 6-2 所示。

表 6-2　AudioSource 组件的属性

属　　性	说　　明
Clip	添加音频资源。默认为空，点击后面的箭头按钮即可选择音频资源
Loop	是否循环播放
PlayOnAwake	是否在游戏运行（组件激活）时自动播放音频
Volume	音量大小

6.4.3　播放背景音乐

从资源管理器中将【bgm】拖动到 AudioSource 组件的【Clip】属性上，同时勾
选【Loop】和【PlayOnAwake】复选框，如图 6-12 所示。

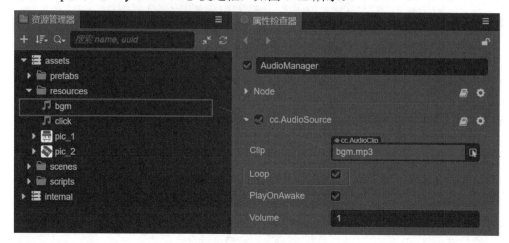

图 6-12　绑定 Clip

设置完成后再次运行游戏，此时会发现游戏已经可以成功地播放背景音乐了。

6.4.4　播放点击音效

让我们继续为游戏添加点击音效。我们希望当拼图块被点击时播放一个简短的
音效，然而通过编辑器配置的方式并不能做到这一点。为了更灵活地控制 AudioSource
播放音频，我们还需要为 AudioSource 组件所在的节点添加一个用于音频控制的脚本。

在 scripts 文件夹下新建 AudioManager 脚本，并将该脚本挂载到 AudioManager
节点上，在脚本中添加如下代码。

```
import { _decorator, Component, Node, AudioClip, AudioSource } from
'cc';
const { ccclass, property } = _decorator;

@ccclass('AudioManager')
export class AudioManager extends Component {
    @property({ type: AudioClip })
    public clickClip: AudioClip = null;

    private audioSource: AudioSource;

    onLoad() {
```

```
        this.audioSource = this.getComponent(AudioSource);
    }

    // 播放点击音效
    playSound() {
        this.audioSource.playOneShot(this.clickClip, 1);
    }
}
```

Cocos Creator 根据音频的长短将其分为较长的音效和较短的音效两种类型。点击音效显然属于较短的音效，因此在上面的代码中我们使用 playOneShot 接口来播放点击音效。代码编辑完成后，将点击音效绑定到 AudioSource 组件上，如图 6-13 所示。

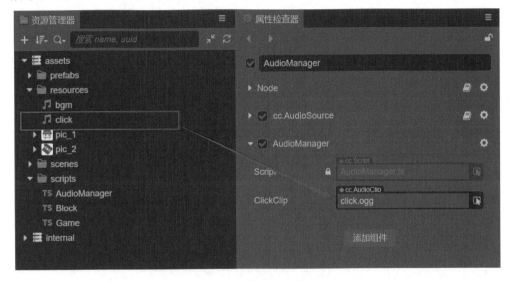

图 6-13　绑定点击音效

最后为 Game 脚本添加如下代码。

```
import { AudioManager } from './AudioManager';

@property({ type: AudioManager })
private audioManager: AudioManager = null;

onClickPic(nowIndex) {
    // ...
    this.audioManager.playSound();
}
```

代码修改完成后，将 AudioManager 与 Game 脚本完成绑定，如图 6-14 所示。

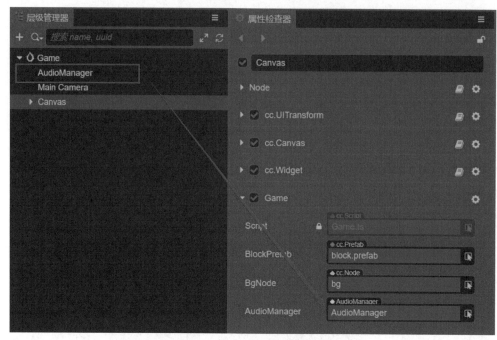

图 6-14　绑定 AudioManager

一切准备就绪后再次预览运行，当我们点击拼图块时就可以正常播放音效了。

6.4.5　小节代码一览

在本小节中，Game 脚本的最终代码如下所示。

```
import { _decorator, Component, Node, EventTarget, Prefab, Texture2D,
resources, instantiate, Vec3, Vec2, director} from 'cc';
const { ccclass, property } = _decorator;


import { Block } from './Block';
import { AudioManager } from './AudioManager';

@ccclass('Game')
export class Game extends Component {
    @property({ type: Prefab })
    private blockPrefab: Prefab = null; // 绑定block预制体
    @property({ type: Node })
    private bgNode: Node = null; // 绑定bg节点
```

```
@property({ type: AudioManager })
private audioManager: AudioManager = null;

private blockNum: number = 3;   // 拼图规模
private picNodeArr = [];

private hideBlockNode: Node;

start() {
    this.loadPicture();

    director.on('click_pic', this.onClickPic, this);
}

loadPicture() {
    // 随机读取一个拼图素材
    let pic_num = Math.floor(Math.random() * 2) + 1;

    resources.load(`pic_${pic_num}/texture`, Texture2D, (err,
texture) => {
        if (err) {
            console.error(err);
            return;
        }

        this.initGame(texture);
        this.removeOnePic();
        this.randPic();
    });
}

initGame(texture) {
    this.picNodeArr = [];

    // 计算拼图块的边宽
    let blockSide = texture.image.width / this.blockNum;

    // 生成 N×N 的拼图块, 其中 N 为 blockNum
    for (let i = 0; i < this.blockNum; i++) {
        this.picNodeArr[i] = [];
```

```
            for (let j = 0; j < this.blockNum; j++) {
                const blockNode = instantiate(this.blockPrefab);
                const blockScript = blockNode.getComponent('Block')
as Block;

                blockNode.setPosition(new Vec3(j * blockSide, -i *
blockSide, 0));
                blockScript.init(texture, blockSide, new Vec2(j, i));
                this.picNodeArr[i][j] = blockNode;
                this.bgNode.addChild(blockNode);
            }
        }
    }

    // 挖空右下角的拼图块
    removeOnePic() {
        let pos = new Vec2(this.blockNum - 1, this.blockNum - 1);
        let picNode = this.picNodeArr[pos.y][pos.x];
        picNode.active = false;
        this.hideBlockNode = picNode;
    }

    // 打乱拼图块
    randPic() {
        let swapTimes = 100; // 随机次数

        for (let i = 0; i < swapTimes; i++) {
            let dirs = [
                new Vec2(0, 1),
                new Vec2(0, -1),
                new Vec2(1, 0),
                new Vec2(-1, 0)
            ];

            let randDir = dirs[Math.floor(Math.random() * dirs.length)];
            let hideBlockNodeScript = this.hideBlockNode.getComponent
('Block') as Block;
            let nearIndex = hideBlockNodeScript.nowIndex.clone().add
(randDir);

            // 越界检测
```

```
                if (nearIndex.x < 0 ||
                    nearIndex.x >= this.blockNum ||
                    nearIndex.y < 0 ||
                    nearIndex.y >= this.blockNum) {
                    continue;
                }

                this.swapPicByPos(hideBlockNodeScript.nowIndex, nearIndex);
        }
    }

    // 交换两个位置的拼图块
    swapPicByPos(nowPos, desPos) {
        let nowPicNode = this.picNodeArr[nowPos.y][nowPos.x];
        let desPicNode = this.picNodeArr[desPos.y][desPos.x];

        // 交换位置
        let tempPos = nowPicNode.position.clone();
        nowPicNode.position = desPicNode.position;
        desPicNode.position = tempPos;

        // 交互标记
        let nowPicNodeScript = nowPicNode.getComponent('Block') as
Block;
        let desPicNodeScript = desPicNode.getComponent('Block') as
Block;
        let tempIndex = nowPicNodeScript.nowIndex.clone();
        nowPicNodeScript.nowIndex = desPicNodeScript.nowIndex;
        desPicNodeScript.nowIndex = tempIndex;

        // 交换数组标记位置
        let tempNode = nowPicNode;
        this.picNodeArr[nowPos.y][nowPos.x] = desPicNode;
        this.picNodeArr[desPos.y][desPos.x] = tempNode;
    }

    // 点击处理
    onClickPic(nowIndex) {
        let dirs = [
            new Vec2(0, 1),
```

```
            new Vec2(0, -1),
            new Vec2(1, 0),
            new Vec2(-1, 0)
        ];
        let nearBlockNode;

        // 检查上、下、左、右是否有位置可以移动
        for (let dir of dirs) {
            let nearIndex = nowIndex.clone().add(dir);

            // 越界检测
            if (nearIndex.x < 0 ||
                nearIndex.x >= this.blockNum ||
                nearIndex.y < 0 ||
                nearIndex.y >= this.blockNum) {
                continue;
            }

            let blockNode = this.picNodeArr[nearIndex.y][nearIndex.x];
            if (!blockNode || blockNode.active) continue;

            nearBlockNode = blockNode;
        }

        // 如果存在合法位置，当前位置与空位交互
        if (nearBlockNode) {
            let nearBlockNodeScript = nearBlockNode.getComponent
('Block') as Block;
            this.swapPicByPos(nowIndex, nearBlockNodeScript.nowIndex);
            this.completeCheck();
        }

        this.audioManager.playSound();
    }

    // 完成检测
    completeCheck() {
        let cnt = 0;
        for (let i = 0; i < this.blockNum; i++) {
            for (let j = 0; j < this.blockNum; j++) {
```

```
                const blockNode = this.picNodeArr[i][j];
                const blockNodeScript = blockNode.getComponent('Block')
as Block;

                if (blockNodeScript.nowIndex.equals(blockNodeScript.
stIndex)) {
                    cnt++;
                }
            }
        }

        // 拼图是否全部归位
        if (cnt == this.blockNum * this.blockNum) {
            this.hideBlockNode.active = true;
            console.log('游戏结束');
        }
    }
}
```

6.5　本章小结

通过本章的学习，我们制作了一个极简的拼图小游戏。在制作的过程中，我们学会了如何动态加载图片资源，如何为 SpriteFrame 设置纹理区域，以及如何为游戏添加背景音乐与音效。本章的知识点并不是很多，但是这些知识点在游戏开发的过程中却十分常用，相信你在掌握了这些知识点后，一定可以将其灵活地运用到其他项目中。接下来的内容将会更加精彩，我们下一章见。

第 7 章

动画系统——回合制小游戏
《简易 RPG 战斗》

　　本章将介绍如何制作一个非常有趣的回合制小游戏——《简易 RPG 战斗》，以及动画系统的相关基础知识，相信本章的内容一定会让你有所启发。

7.1　模块简介及基础准备

7.1.1　游戏简介

　　《简易 RPG 战斗》是一款非常有趣的回合制小游戏，在游戏中我们扮演勇者在地牢中探险，地牢中会不断出现阻碍我们前进的敌人，当遇到敌人时我们将会与其展开战斗。战斗采用的是回合制玩法，即每次我们行动之后敌人才会进行攻击，可以通过按钮选择攻击或者使用技能来与敌人进行战斗，在消灭当前房间中出现的敌人之后就可以进入下一个房间，如图 7-1 所示。

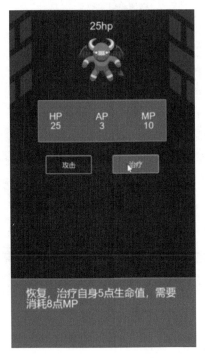

图 7-1　游戏最终效果

7.1.2　游戏规则

　　《简易 RPG 战斗》的游戏规则如下。
- 玩家每回合拥有固定的行动点，行动点耗尽后轮换到敌方回合。
- 玩家选择攻击选项可对敌人造成伤害。

- 玩家选择治疗选项后可恢复自身血量，但会消耗法力值。
- 敌人回合会对玩家发起攻击并减少玩家血量。
- 玩家生命值耗尽后游戏结束。
- 敌人生命值耗尽后玩家可进入下一个房间继续挑战。

7.1.3 创建游戏项目

打开 Cocos Dashboard，点击【项目】选项卡，点击【新建】按钮打开项目创建面板，选择【Empty(2D)】模板，将【项目名称】修改为【demo-007】后点击【创建】按钮，如图 7-2 所示。

图 7-2 创建新项目

7.1.4 目录规划与资源导入

在资源管理器中依次创建四个文件夹，并分别将其命名为 scenes、scripts、sources、animations，其中 scenes 文件夹用于存放场景资源，scripts 文件夹用于存放脚本资源，sources 文件夹用于存放游戏中需要用到的图片资源，animations 文件夹用于存放游戏中的动画剪辑资源。文件夹建立完成后将游戏中需要用到的图片素材导入 sources 文件夹中，完成后的项目目录结构如图 7-3 所示。

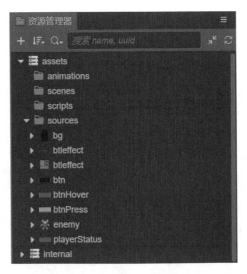

图 7-3　项目目录结构

7.1.5　场景初始化

在编辑器顶部选择【项目】→【项目设置】→【项目数据】命令，进入项目数据调整面板，在面板中分别将【设计宽度】和【设计高度】的值修改为【720】和【1280】。

右击层级管理器，在弹出的快捷菜单中选择【创建】→【UI 组件】→【Canvas（画布）】命令，创建一个 Canvas 节点。创建完成后使用组合键"Ctrl+S"将当前场景保存到 scenes 文件夹下，并将场景命名为【Game】。

7.1.6　场景搭建

1. 背景

将背景图【bg】拖动到【Canvas】节点下作为游戏背景。

2. 敌人区域

先在 bg 节点下新建空节点 enemyArea，然后将【enemy】图片拖动到该节点下，并在该节点下新建 Label 对象，将其命名为【hp】。将 hp 节点的坐标调整为(0,130,0)，同时调整其【FontSize】属性的值为【40】，修改【String】默认值为【25hp】。完成前面的步骤后，将 enemyArea 节点的坐标修改为(0,450,0)，完成后如图 7-4 所示。

3. 玩家状态栏

先将图片 playerStatus 拖动到 bg 节点下，然后在 playerStatus 节点下新建 Label 对象并将其命名为【hp】。将 hp 节点的坐标调整为(-180,0,0)，同时调整其【FontSize】属性的值为【36】。在 hp 对象调整完成后，将其复制为两份并命名为【ap】和【mp】，然后将 ap 节点的坐标调整为(0,0,0)，将 mp 节点的坐标调整为(180,0,0)。完成前面的步骤后，将 playerStatus 节点的坐标调整为(0,220,0)，完成后如图 7-5 所示。

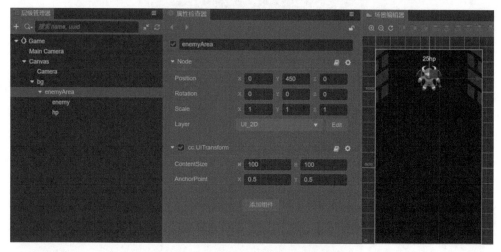

图 7-4 调整 enemyArea 节点的位置

图 7-5 调整 playerStatus 节点的位置

4. 操作按钮

先在 bg 节点下新建空节点 ctrlArea，然后将【btn】图片拖动到【ctrlArea】节点下，并将【btn】节点重命名为【attackBtn】，之后在 attackBtn 节点下新建 Label 对象，将 Label 的【FontSize】属性的值设置为【26】，并将【String】修改为【攻击】。在层级管理器中右击【attackBtn】节点，在弹出的快捷菜单中选择【添加组件】→【UI】→【Button】命令，为其添加 Button 组件，将 Button 组件的【Transition】属性修改为【SPRITE】，并将对应的图片拖动到组件中，完成后如图 7-6 所示。

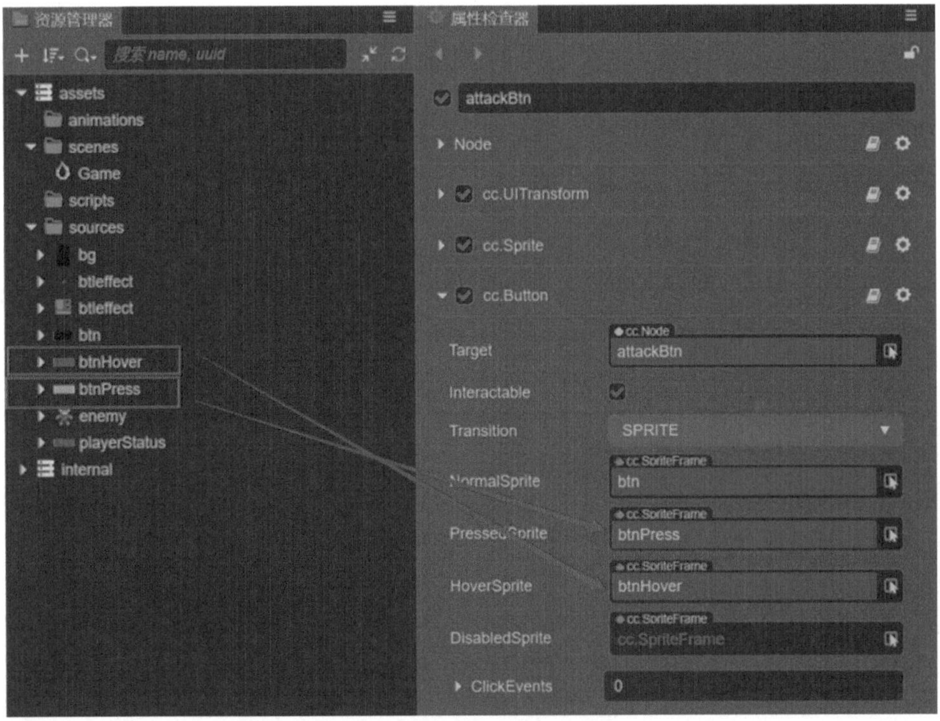

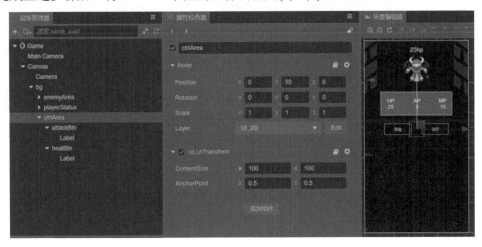

图 7-6　为按钮添加图片

将 attackBtn 节点的坐标调整为(-130,0,0)，之后将 attackBtn 复制一份并重命名为【healBtn】，将 healBtn 节点的坐标调整为(130,0,0)，同时将其文本修改为【治疗】。完成上述步骤后，将 ctrlArea 节点的坐标调整为(0,50,0)，如图 7-7 所示。

图 7-7　调整 ctrlArca 节点的位置

7.2　实现游戏核心逻辑

在上一小节中，我们已经搭建好了游戏的基础场景，接下来将着手实现游戏的核心逻辑部分。

7.2.1　数值初始化

在 RPG 类型的游戏中，敌我双方都会拥有各自的一些属性，例如血量、攻击力等，游戏过程中将会频繁地与这些数值打交道，这些属性通常会随脚本的加载一同被初始化。

在资源管理器的 scripts 文件夹下创建 Game 脚本，并将脚本挂载到 Canvas 节点上，代码如下所示。

```typescript
import { _decorator, Component, Node, Label } from 'cc';
const { ccclass, property } = _decorator;

@ccclass('Game')
export class Game extends Component {
    private playerMaxHp: number = 25; // 玩家最大血量
    private playerMaxAp: number = 3; // 玩家最大行动点
    private playerMaxMp: number = 10; // 玩家法力值上限
    private playerAtk: number = 5; // 玩家攻击力
    private healMpCost: number = 8; // 恢复术法力消耗
    private healHp: number = 5; // 恢复术血量
    private incrMp: number = 2; // 法力恢复速度

    private enemyMaxHp: number = 25; // 敌人最大血量
    private enemyAtk: number = 3; // 敌人攻击力

    private playerHp: number = 0; // 玩家当前血量
    private playerAp: number = 0; // 玩家当前行动点
    private playerMp: number = 0; // 玩家当前法力值
    private enemyHp: number = 0; // 敌人当前血量

    private turnNum = 0; // 0：玩家回合，1：敌人回合

    @property({ type: Node })
    private enemyAreaNode: Node = null; // 绑定 enemyArea 节点
    @property({ type: Label })
```

```
private enemyHpLabel: Label = null;   // 绑定 enemy 节点下的 hp 节点


@property({ type: Label })
private playerHpLabel: Label = null;   // 绑定 player 节点下的 hp 节点
@property({ type: Label })
private playerApLabel: Label = null;   // 绑定 player 节点下的 ap 节点
@property({ type: Label })
private playerMpLabel: Label = null;   // 绑定 player 节点下的 mp 节点

start() {
    this.initEnemy();
    this.initPlayer();
}


// 初始化敌人
initEnemy() {
    this.updateEnemyHp(this.enemyMaxHp);
    this.enemyAreaNode.active = true;
}


// 更新敌人血量
updateEnemyHp(hp) {
    this.enemyHp = hp;
    this.enemyHpLabel.string = `${this.enemyHp}hp`;
}


// 初始化玩家
initPlayer() {
    this.updatePlayerHp(this.playerMaxHp);
    this.updatePlayerAp(this.playerMaxAp);
    this.updatePlayerMp(this.playerMaxMp);
}


// 更新玩家血量
updatePlayerHp(hp) {
    this.playerHp = hp;
    this.playerHpLabel.string = `HP\n${this.playerHp}`;
}


// 更新玩家行动点
```

```
    updatePlayerAp(ap) {
        this.playerAp = ap;
        this.playerApLabel.string = `AP\n${this.playerAp}`;
    }

    // 更新玩家法力值
    updatePlayerMp(mp) {
        this.playerMp = mp;
        this.playerMpLabel.string = `MP\n${this.playerMp}`;
    }
}
```

代码添加完成后，在属性检查器中依次对节点进行绑定，完成后如图 7-8 所示。

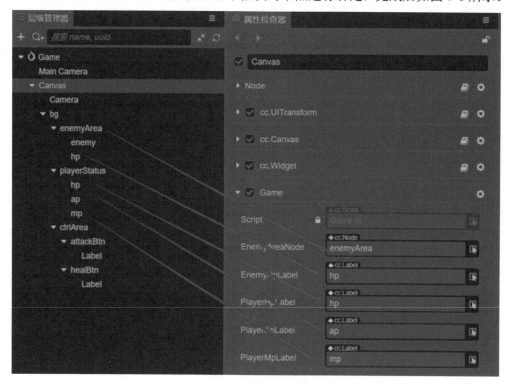

图 7-8　Game 脚本组件

7.2.2　添加操作按钮逻辑

前面我们已经完成了数值的初始化，接下来我们将为操作按钮添加相应的代码，
从而实现攻击与治疗逻辑，为 Game 脚本添加如下代码。

```
// 玩家发起攻击
```

```
playerAttack() {
    if (this.turnNum = 0) return; // 不是自己的回合不能行动
    if (this.playerAp <= 0) return;

    this.playerAp -= 1; // 消耗一个行动点

    this.playerMp += this.incrMp; // 自然法力恢复
    if (this.playerMp > this.playerMaxMp) {
        this.playerMp = this.playerMaxMp;
    }

    // 播放敌人受击动画
    // todo

    this.enemyHp -= this.playerAtk;
    if (this.enemyHp <= 0) {
        this.enemyDie();
        return;
    }
    this.updateEnemyHp(this.enemyHp);
    this.updatePlayerAp(this.playerAp);
    this.updatePlayerMp(this.playerMp);
    this.checkEnemyAction();
}

// 敌人死亡逻辑
enemyDie() {
    this.enemyAreaNode.active = false;
}

// 玩家使用治疗
playerHeal() {
    if (this.turnNum = 0) return; // 不是自己的回合不能行动
    if (this.playerAp <= 0 || this.playerMp < this.healMpCost)
return;

    this.playerAp -= 1; // 消耗一个行动点

    this.playerMp -= this.healMpCost; // 消耗法力值
```

```
    this.playerHp += this.healHp; // 恢复治疗值
    // 越界检测
    if (this.playerHp > this.playerMaxHp) {
        this.playerHp = this.playerMaxHp;
    }
    this.updatePlayerHp(this.playerHp);
    this.updatePlayerAp(this.playerAp);
    this.updatePlayerMp(this.playerMp);
    this.checkEnemyAction();
}


// 回合轮换检测
checkEnemyAction() {
    if (this.turnNum == 0 && this.playerAp <= 0) {
        this.turnNum = 1;
        this.enemyAttack(this.enemyAtk);
    }
}

// 敌人发起攻击
enemyAttack(atk) {
    if (this.turnNum != 1) return; // 不是自己的回合不能行动
    this.playerHp -= atk;
    this.updatePlayerHp(this.playerHp);

    // 播放玩家攻击动画
    // todo

    if (this.playerHp <= 0) {
        console.log('游戏结束');
        return;
    }

    this.turnNum = 0;
    this.updatePlayerAp(this.playerMaxAp);
}
```

　　代码添加完成后，在层级管理器中首先选中【attackBtn】节点，在【ClickEvents】右侧的文本框中输入【1】并按回车键，之后点击左侧的小三角按钮展开菜单，然后将绑定了 Game 脚本的【Canvas】节点拖动到目标属性中进行绑定，并依次选择 Game

脚本及脚本下的 playerAttack 函数，如图 7-9 所示。

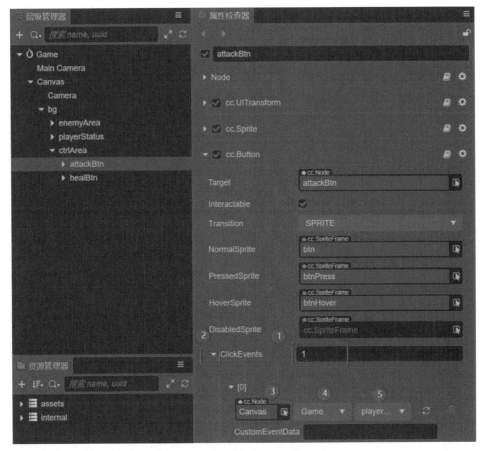

图 7-9　为 attackBtn 绑定点击事件

继续用同样的方式为 healBtn 绑定 Game 脚本下的 playerHeal 函数，完成这些步骤之后预览运行，此时我们可以通过攻击按钮对敌人发起攻击，或者通过治疗按钮恢复生命值。当我们连续操作三次将 AP 耗尽后，敌人会对我们发起攻击。

7.2.3　添加敌人死亡刷新逻辑

我们已经完成了玩家操作逻辑的编写，虽然还没有添加动画效果，但是目前游戏已经可以玩起来了，不过当敌人死亡后游戏就没法继续了。为了方便后续测试，我们先暂时地为游戏添加敌人死亡刷新逻辑，让游戏可以不停地玩下去，将 Game 脚本做如下修改。

```
// 敌人死亡逻辑
enemyDie() {
```

```
   // ...

   this.nextRoom();
}

// 进入下一个房间
nextRoom() {
   console.log('进入下一个房间');
   this.initEnemy();
   this.turnNum = 0;
   this.updatePlayerAp(this.playerMaxAp);
}
```

7.3 动画系统初探

到目前为止我们还没有为游戏添加相应的动画，此时的游戏虽然已经可以玩了，但是由于文本的表现力比较有限，战斗的过程中也会缺乏有效的反馈。为了增强游戏的表现力与即时反馈，我们将为游戏添加相应的动画，让游戏变得更加生动有趣。

7.3.1 动画系统简介

Cocos Creator 中内置了通用的动画系统，使用该系统可以实现基于关键帧的动画。动画系统支持标准的位移、旋转、缩放动画和帧动画，同时支持所有组件属性和用户自定义属性的驱动。熟练地使用动画系统可以脱离代码制作出各种细腻的动画效果。

需要注意的是，Cocos Creator 自带的动画编辑器通常用于制作一些不太复杂的动画，当需要制作复杂的特效、角色动画、嵌套动画等时，可以考虑改用 Spine、DragonBones 或者 3D 模型骨骼动画编辑器。

7.3.2 使用动画组件

在使用动画编辑器制作动画之前，需要先在层级管理器或者场景编辑器中选择要添加动画的节点，为其添加动画组件并在组件上挂载动画剪辑资源，之后便可以进行动画的编辑了。接下来我们将通过动画系统为敌人添加被攻击时的反馈效果，在层级管理器中选中【enemyArea】节点，并在动画编辑器中点击【添加动画组件】按钮，如图 7-10 所示。

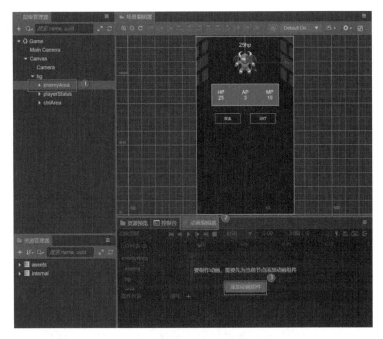

图 7-10　添加动画组件

完成上述步骤后，你将会发现 enemyArea 节点上多了一个动画组件，同时动画编辑器中的按钮变成了【新建动画剪辑资源】按钮，如图 7-11 所示。

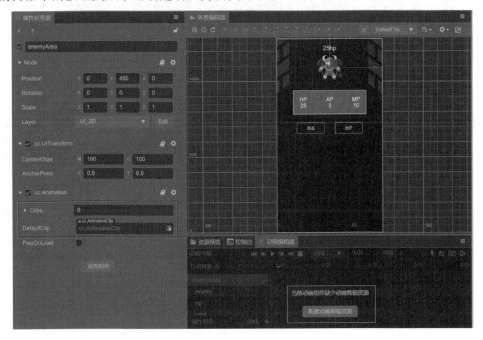

图 7-11　添加动画组件后

继续点击动画编辑器中的【新建动画剪辑资源】按钮，在 animations 文件夹下新建动画剪辑资源并将其命名为【hurt】，此时我们就为 enemyArea 节点创建并挂载好了动画剪辑资源。

7.3.3 编辑受击动画

一个动画剪辑内可能包含多个节点（节点及其子节点），每个节点上都可以挂载多个动画属性。通过对节点进行移动、旋转、缩放等操作，可以在当前节点相对应的动画属性上添加关键帧。引擎会通过关键帧计算出补间动画，并实现动画的平滑播放。

举例来说，我们只要为节点设置一个起点位置以及一个终点位置，并设置时间间隔为 2s，动画播放时将会让目标节点在 2s 内从起点位置移动到终点位置，起点位置与终点位置各是一个关键帧，而中间移动的过程则是补间动画。

前面我们已经为 enemyArea 节点添加了动画组件，并为其创建并挂载了动画剪辑资源 hurt，接下来可以在动画编辑器点击 【进入动画编辑模式】按钮进入动画编辑模式。首先在动画编辑器的节点列表中选中【enemy】节点，然后点击属性列表右侧的【+】按钮并选择【position】命令，此时我们就为 enemy 节点添加了 position 动画属性，如图 7-12 所示。

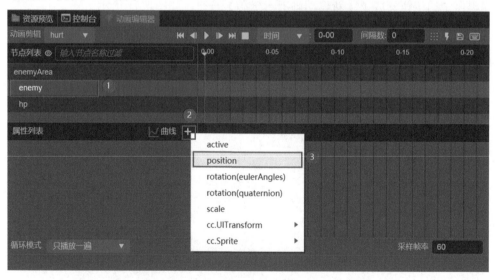

图 7-12 添加 position 属性

添加了动画属性后便可以在右侧的属性轨道上添加关键帧了。接下来我们在属性列表中选中【position】属性，并点击属性右侧的菱形按钮为该动画属性添加一个关键帧，如图 7-13 所示。

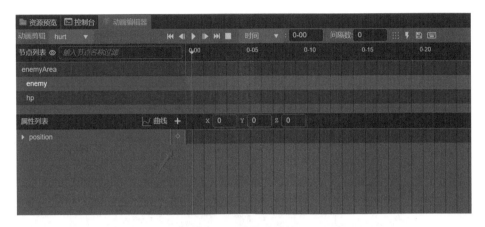

图 7-13 添加关键帧

接下来我们需要调整时间控制线的位置，并继续添加新的关键帧。这里需要注意的是时间轴的刻度单位共有三种表示方式，默认的情况下会以秒和帧的组合为单位来显示动画时间轴的刻度，即前面的数值表示秒，后面的数值表示帧，例如 0-05 表示 0 秒又 5 帧。后续我们将使用默认的方式进行演示，完整的类型可以参考官方文档。

直接在时间轴属性的文本框中输入【0-05】并按回车键或者拖动时间控制线，将时间轴调整到 0 秒又 5 帧的位置，调整完成后在属性列表右侧的文本框中将【position】属性的值修改为(18,18,0)，与此同时编辑器也会自动在控制线的位置生成一个关键帧，如图 7-14 所示。

图 7-14 编辑 position 属性

用同样的方式为 postion 属性在"0-10"和"0-15"处分别添加(0,18,0)及(0,0,0)两个关键帧，添加完成后依次点击场景编辑器左上角的【保存】按钮和【关闭】按钮，将当前动画保存后退出，此时我们就完成了敌人受击动画的编辑，如图 7-15 所示。

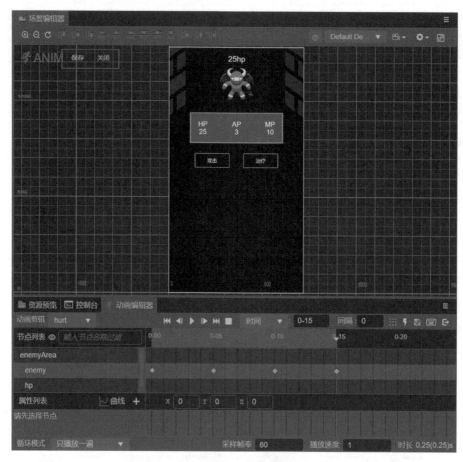

图 7-15　完成动画编辑

7.3.4　播放受击动画

动画组件管理了一组动画状态，用于控制所有动画的播放、暂停、继续、停止、切换等。动画组件会为每一个动画剪辑资源都创建相应的动画状态对象，动画状态用于控制需要在对象上使用的动画剪辑资源。在动画组件中，动画状态是通过名称来标识的，每个动画状态的默认名称就是其动画剪辑资源的名称。动画状态提供了以下几种方法用于控制动画的播放、暂停、继续和停止，如表 7-1 所示。

表 7-1　控制动画的播放、暂停、继续和停止的方法

方　　法	说　　明
play()	重置播放时间为 0 并开始播放动画
pause()	暂停播放动画
resume()	从当前时间开始继续播放动画
stop()	停止播放动画

为 Game 脚本添加如下代码。

```
playerAttack() {
  // ...

  // 播放敌人受击动画
  let ani = this.enemyAreaNode.getComponent(Animation);
  ani.play('hurt');

  // ...
}
```

添加完成后再次预览运行，当我们对敌人发起攻击时就会播放受击动画，虽然还没有添加刀光动画，但是有了一定的反馈之后，游戏就显得没有那么呆板了。

7.3.5　添加刀光动画

为了让敌人被攻击的反馈更加明显，我们可以在 hurt 动画剪辑资源上继续添加刀光的 Sprite 动画。右击【enemyArea】节点，在弹出的快捷菜单中选择【创建】→【2D 对象】→【Sprite（精灵）】命令，创建一个默认的 Sprite 对象，并将其命名为【glint】，之后点击其【SpriteFrame】属性右侧的【×】按钮清除默认的 SpriteFrame，如图 7-16 所示。

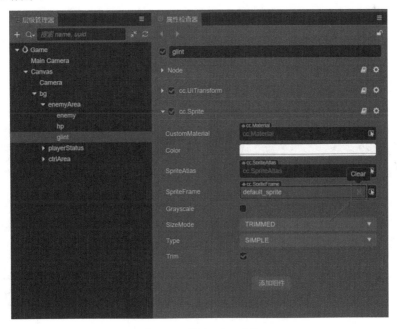

图 7-16　创建 glint 对象

回到动画编辑器中，选中【glint】节点后，点击属性列表右侧的【+】按钮并选择【cc.Sprite】→【spriteFrame】选项，为 glint 添加 SpriteFrame 属性，添加完成后将 sources 文件夹下的 btleffect 图集展开，选中图集下的所有 spriteFrame 资源并拖动到 glint 的【SpriteFrame】属性栏中，如图 7-17 所示。

图 7-17　添加 SpriteFrame 属性

添加完成后保存并退出，此时再次预览运行，当我们对敌人发起攻击时，会在敌人被击退的瞬间出现刀光，到此为止敌人受击动画就基本完成了。

7.3.6　挂载新动画剪辑

接下来我们需要制作敌人攻击动画，在 enemyArea 节点的 Animation 组件上继续添加新的动画剪辑资源。先将组件上的【Clips】属性的值修改为【2】，然后点击新出现的空白的【cc.AnimationClip】下拉列表后面的查找按钮，点击搜索框右侧的【Create】按钮，创建新的动画剪辑资源 attack 并保存到 animations 文件夹下，如图 7-18 所示。

图 7-18　添加新的动画剪辑资源

通过这种方式创建的动画剪辑资源会自动挂载到 cc.AnimationClip 中，再次回到动画编辑器中，此时我们就可以将动画剪辑资源切换为【attack】了，如图 7-19 所示。

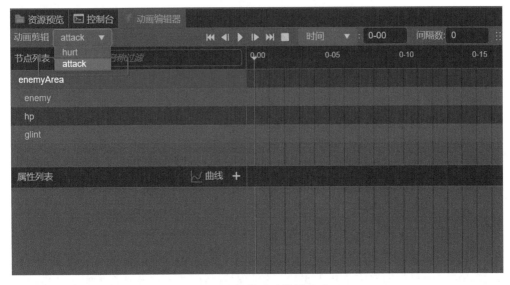

图 7-19　切换动画剪辑资源

在 attack 动画剪辑资源中，为 enemy 节点添加【position】属性，并在 "0-00" "0-05" "0-10" "0-15" 处依次添加四个关键帧(0,0,0)、(0,30,0)、(0,-40,0)、(0,0,0)，以此来实现敌人快速上升并向下俯冲击打的动画效果，完成后如图 7-20 所示。

图 7-20　添加关键帧

为 Game 脚本添加如下代码。

```
enemyAttack(atk) {
  // ...

  // 播放敌人攻击动画
  let ani = this.enemyAreaNode.getComponent(Animation);
```

```
ani.play('attack');

// ...
}
```

再次预览运行，当我们的行动点耗尽时，敌人就会对我们发起攻击同时播放攻击动画，有了视觉反馈的游戏是不是变得比之前生动多了呢？

7.4 细节优化

现在的游戏已经可以玩起来了，不过此时游戏中还存在一些小问题，让我们继续对这些小问题进行优化。

7.4.1 添加【前进】按钮

在前面编写的游戏逻辑中，当敌人被击败后玩家会自动进入新的房间，由于在本章的项目中只使用了一个敌人素材，因此在刷新出敌人后并没有太明显的反馈。为了增强反馈，我们可以在敌人被击败后显示一个【前进】按钮，当点击【前进】按钮时才会刷新出新的敌人。

在层级管理器中，将 attackBtn 复制一份到 bg 节点下，并将其重命名为【nextBtn】，同时将其坐标调整为(0,450,0)，文字调整为【前进】，完成后如图 7-21 所示。

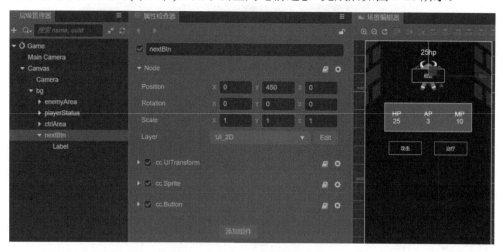

图 7-21   添加【前进】按钮

调整完成后将按钮对应的【clickEvents】事件修改为【nextRoom】，之后取消勾选节点使其处于隐藏状态，如图 7-22 所示。

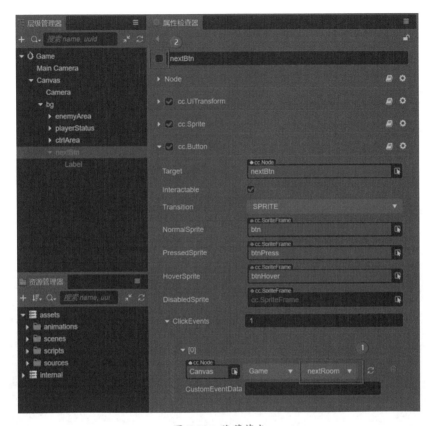

图 7-22 隐藏节点

将 Game 脚本的相关代码进行修改，如下所示。

```
@property({ type: Node })
private nextBtnNode: Node = null; // 绑定 nextBtn 节点

enemyDie() {
    this.enemyAreaNode.active = false;
    this.nextBtnNode.active = true;
    // this.nextRoom(); // 去掉此处的 nextRoom
}

nextRoom() {
    // ...
    this.nextBtnNode.active = false;
}
```

再次预览运行，当敌人被消灭后，会弹出【前进】按钮，只有在点击按钮继续前进后才会刷新出新的敌人。

7.4.2　过渡动画

前面添加的按钮已经实现了房间切换的基础逻辑，我们继续为敌人的刷新增加一个简单的过渡动画，让房间的切换显得不那么呆板。

由于游戏中的元素都挂载在 bg 节点下，因此我们可以为 bg 节点添加透明渐变的动画效果，从而实现房间在切换时的过渡动画。

为 bg 节点添加 Animation 组件，并为其创建默认动画剪辑资源 interlude，将其保存到 animations 文件夹下，之后在动画编辑器的属性列表中为 bg 节点添加 cc.Sprite.color 动画属性，依次在 "0-00" "0-10" "0-20" 处添加三个关键帧，对应的 Color 属性的值分别为#FFFFFF、#FFFFFF00、#FFFFFF，即第 2 帧完全透明，第 1、3 帧保持默认状态，如图 7-23 所示。

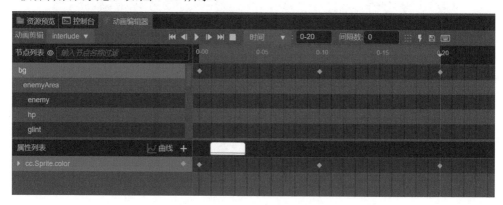

图 7-23　添加关键帧

将 Game 脚本的相关代码进行修改。

```
@property({ type: Animation })
private bgAni: Animation = null; // 绑定 bg 节点
nextRoom() {
    // ...
    let ani = this.enemyAreaNode.getComponent(Animation);
    ani.stop();
    this.bgAni.play('interlude');
}
```

7.4.3　动画回调

现在我们已经添加好了过渡动画，不过如果你仔细观察，可能会发现此时的过渡动画看起来有点 "奇怪"，这是因为在播放过渡动画时敌人就已经被刷新出来了，这样的效果会显得有些不自然。为此我们需要将逻辑进行微调，当过渡动画播放完毕时才将敌人刷新出来。

继续对 Game 脚本的相关代码进行修改。

```
start() {
    // ...
    this.bgAni.on(Animation.EventType.FINISHED, this.bgAniFinish,
this);
}

// 过渡动画结束回调
bgAniFinish() {
    this.initEnemy();
    this.turnNum = 0;
    this.updatePlayerAp(this.playerMaxAp);
}

// 进入下一个房间
nextRoom() {
    console.log('进入下一个房间');
    let ani = this.enemyAreaNode.getComponent(Animation);
    ani.stop();
    this.bgAni.play('interlude');
    this.nextBtnNode.active = false;
}
```

在上面的代码中，我们让 bgAni 监听了 Animation.EventType.FINISHED 事件，该事件会在动画结束时触发回调。Animation 完整回调事件如表 7-3 所示。

表 7-3　Animation 完整回调事件

事　件	说　明
Animation.EventType.PLAY	在开始播放时触发回调
Animation.EventType.STOP	在停止播放时触发回调
Animation.EventType.PAUSE	在暂停播放时触发回调
Animation.EventType.RESUME	在恢复播放时触发回调
Animation.EventType.LASTFRAME	假如动画循环次数大于 1，在动画播放到最后一帧时触发回调
Animation.EventType.FINISHED	在动画结束播放时触发回调

7.4.4　修复攻击间隔 bug

我们在前面的代码中添加了 turnNum 变量用于标记敌我回合，而在 enemyAttack 函数执行动画的同时将 turnNum 设置为了我方回合，这将导致在敌人攻击动画播放的瞬间我方就可以进行操作，这显然是不合理的，所以我们可以将 turnNum 变量的赋值放到动画播放完毕的回调中，将代码做如下修改。

```
start() {
    //...
    let ani = this.enemyAreaNode.getComponent(Animation);
    ani.on(Animation.EventType.FINISHED, () => {
        this.turnNum = 0;
    }, this);
}


// 敌人发起攻击
enemyAttack(atk) {
  //...
  // this.turnNum = 0;
}
```

7.4.5　小节代码一览

在本小节中，Game 脚本的最终代码如下所示。

```
import { _decorator, Component, Node, Label, Animation } from 'cc';
const { ccclass, property } = _decorator;

@ccclass('Game')
export class Game extends Component {
    private playerMaxHp: number = 25; // 玩家最大血量
    private playerMaxAp: number = 3; // 玩家最大行动点
    private playerMaxMp: number = 10; // 玩家法力值上限
    private playerAtk: number = 5; // 玩家攻击力
    private healMpCost: number = 8; // 恢复术法力消耗
    private healHp: number = 5; // 恢复术血量
    private incrMp: number = 2; // 法力恢复速度

    private enemyMaxHp: number = 25; // 敌人最大血量
    private enemyAtk: number = 3; // 敌人攻击力

    private playerHp: number = 0; // 玩家当前血量
    private playerAp: number = 0; // 玩家当前行动点
    private playerMp: number = 0; // 玩家当前法力值
    private enemyHp: number = 0; // 敌人当前血量
```

```
    private turnNum = 0; // 0：玩家回合，1：敌人回合

    @property({ type: Node })
    private enemyAreaNode: Node = null; // 绑定 enemyArea 节点
    @property({ type: Label })
    private enemyHpLabel: Label = null;  // 绑定 enemy 节点下的 hp 节点

    @property({ type: Label })
    private playerHpLabel: Label = null;  // 绑定 player 节点下的 hp 节点
    @property({ type: Label })
    private playerApLabel: Label = null;  // 绑定 player 节点下的 ap 节点
    @property({ type: Label })
    private playerMpLabel: Label = null;  // 绑定 player 节点下的 mp 节点

    @property({ type: Node })
    private nextBtnNode: Node = null; // 绑定 nextBtn 节点

    @property({ type: Animation })
    private bgAni: Animation = null; // 绑定 bg 节点

    start() {
        this.initEnemy();
        this.initPlayer();

        this.bgAni.on(Animation.EventType.FINISHED, this.bgAniFinish,
this);

        let ani = this.enemyAreaNode.getComponent(Animation);
        ani.on(Animation.EventType.FINISHED, () => {
            this.turnNum = 0;
        }, this);
    }

    // 初始化敌人
    initEnemy() {
        this.updateEnemyHp(this.enemyMaxHp);
        this.enemyAreaNode.active = true;
    }
```

```
// 更新敌人血量
updateEnemyHp(hp) {
    this.enemyHp = hp;
    this.enemyHpLabel.string = `${this.enemyHp}hp`;
}

// 初始化玩家
initPlayer() {
    this.updatePlayerHp(this.playerMaxHp);
    this.updatePlayerAp(this.playerMaxAp);
    this.updatePlayerMp(this.playerMaxMp);
}

// 更新玩家血量
updatePlayerHp(hp) {
    this.playerHp = hp;
    this.playerHpLabel.string = `HP\n${this.playerHp}`;
}

// 更新玩家行动点
updatePlayerAp(ap) {
    this.playerAp = ap;
    this.playerApLabel.string = `AP\n${this.playerAp}`;
}

// 更新玩家法力
updatePlayerMp(mp) {
    this.playerMp = mp;
    this.playerMpLabel.string = `MP\n${this.playerMp}`;
}

// 玩家发起攻击
playerAttack() {
    if (this.turnNum = 0) return; // 不是自己的回合不能行动
    if (this.playerAp <= 0) return;

    this.playerAp -= 1; // 消耗一个行动点

    this.playerMp += this.incrMp; // 自然法力恢复
    if (this.playerMp > this.playerMaxMp) {
```

```
        this.playerMp = this.playerMaxMp;
    }

    // 播放敌人受击动画
    let ani = this.enemyAreaNode.getComponent(Animation);
    ani.play('hurt');

    this.enemyHp -= this.playerAtk;
    if (this.enemyHp <= 0) {
        this.enemyDie();
        return;
    }

    this.updateEnemyHp(this.enemyHp);
    this.updatePlayerAp(this.playerAp);
    this.updatePlayerMp(this.playerMp);
    this.checkEnemyAction();
}

// 敌人死亡逻辑
enemyDie() {
    this.enemyAreaNode.active = false;
    this.nextBtnNode.active = true;
}

// 玩家使用治疗
playerHeal() {
    if (this.turnNum = 0) return; // 不是自己的回合不能行动
    if (this.playerAp <= 0 || this.playerMp < this.healMpCost)
return;

    this.playerAp -= 1; // 消耗一个行动点

    this.playerMp -= this.healMpCost; // 消耗法力值

    this.playerHp += this.healHp; // 恢复治疗值
    // 越界检测
    if (this.playerHp > this.playerMaxHp) {
        this.playerHp = this.playerMaxHp;
    }
```

```
        this.updatePlayerHp(this.playerHp);
        this.updatePlayerAp(this.playerAp);
        this.updatePlayerMp(this.playerMp);
        this.checkEnemyAction();
    }


    // 回合轮换检测
    checkEnemyAction() {
        if (this.turnNum == 0 && this.playerAp <= 0) {
            this.turnNum = 1;
            this.enemyAttack(this.enemyAtk);
        }
    }


    // 敌人发起攻击
    enemyAttack(atk) {
        if (this.turnNum != 1) return; // 不是自己的回合不能行动
        this.playerHp -= atk;
        this.updatePlayerHp(this.playerHp);

        // 播放敌人攻击动画
        let ani = this.enemyAreaNode.getComponent(Animation);
        ani.play('attack');

        if (this.playerHp <= 0) {
            console.log('游戏结束');
            return;
        }

        this.updatePlayerAp(this.playerMaxAp);
    }


    // 进入下一个房间
    nextRoom() {
        console.log('进入下一个房间');
        let ani = this.enemyAreaNode.getComponent(Animation);
        ani.stop();
        this.bgAni.play('interlude');
        this.nextBtnNode.active = false;
    }
```

```
    // 过渡动画结束回调
    bgAniFinish() {
        this.initEnemy();
        this.turnNum = 0;
        this.updatePlayerAp(this.playerMaxAp);
    }
}
```

7.5　本章小结

通过本章的学习，我们制作了一个非常有趣的回合制小游戏。在制作的过程中，我们学到了动画组件的基础用法，以及如何使用动画编辑器制作简单的动画并在代码中进行控制。动画在游戏开发中是非常重要的，通过为游戏添加动画效果，可以让游戏变得更加生动有趣。相信你在本章中掌握的相关知识一定会对日后的游戏开发带来启发。

本章的 RPG 战斗只是一个雏形，后续你也可以为游戏 Demo 添加更多的人物技能，甚至制作更多类型的敌人，并为不同的敌人制作不同的攻击动画。相信你一定可以通过自己的想象力在 Demo 的基础上进行完善，制作出独一无二的小游戏！

第 8 章

3D 初探——《跃动小球》
3D 版复刻

本章将会把第 5 章中的《跃动小球》复刻为 3D 版本，这是我们制作的第一个 3D 小游戏。通过学习本章的内容，我们将会初步了解 2D 小游戏与 3D 小游戏在开发上的一些差异，以及与 3D 游戏相关的基础知识。在结束本章的学习之后，你将能对 3D 小游戏的开发建立初步的认知。

8.1　模块简介及基础准备

8.1.1　游戏简介

《跃动小球》3D 版游戏的玩法沿用自 2D 版本，游戏开始之后我们将控制一个跳跃前进的小球，小球需要在合适的时机跳向下一个跳板来获取更高的分数，倘若不慎落入深渊则会导致游戏失败。在游戏的表现形式上，则由原先的 2D 变为了 3D，场景中的小球与跳板替换为了 Cocos Creator 内置的 3D 模型，同时物理引擎也替换为了相应的 3D 版本，并设置了相应的 3D 摄像机拍摄角度，如图 8-1 所示。

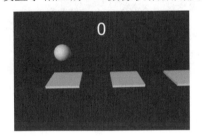

图 8-1　游戏最终效果

8.1.2　游戏规则

《跃动小球》3D 版的游戏规则如下。

- 游戏开局时生成一个原地跳跃的小球，点击屏幕后开始游戏，同时小球以固定的速度向右移动。
- 游戏开局时生成固定数量的跳板，当小球向前移动时会在前方继续生成新的跳板。
- 小球撞击到跳板时会反向弹起，跳到下一个跳板时获得 1 分，小球落入深渊时游戏结束。
- 点击屏幕时小球会加速下落。

8.1.3　创建游戏项目

打开 Cocos Dashboard，点击【项目】选项卡，点击【新建】按钮打开项目创建面板，选择【Empty(3D)】模板，在将【项目名称】修改为【demo-008】后点击【创建】按钮，如图 8-2 所示。

图 8-2　创建新项目

注意，本章新建的项目使用【Empty(3D)】模板，请在确保创建的是该模板的游戏项目后再进行后续的学习。

8.1.4　目录规划与资源导入

在资源管理器中依次创建三个文件夹，并分别将其命名为 scenes、scripts、prefabs，其中 scenes 文件夹用于存放场景资源，scripts 文件夹用于存放脚本资源，

prefabs 文件夹用于存放游戏中的预制体资源，完成后的项目目录结构如图 8-3 所示。

图 8-3　项目目录结构

8.1.5　场景初始化

右击层级管理器，在弹出的快捷菜单中选择【创建】→【空节点】命令，创建一个空节点并命名为【Game】。创建完成后使用组合键"Ctrl+S"将当前场景保存到 scenes 文件夹下，并将场景命名为【Game】。

8.2　3D 编辑模式基础

经过前几章的练习，我们已经可以熟练地使用 Cocos Creator 搭建 2D 场景了。在本章中，我们新建了一个 3D 项目，3D 场景的搭建与 2D 的会有一些差异，接下来将通过实战来初步学习 3D 编辑模式中的常用操作。

8.2.1　新建 3D 内置对象

在 Cocos Creator 中不仅内置了很多 2D 对象，还内置了一些基础的 3D 对象。回想 2D 版本的跃动小球，我们使用的是内置的单色对象来制作跳板，而到了 3D 版本则需要使用内置的立方体对象来制作跳板。

右击空节点【Game】，在弹出的快捷菜单中选择【创建】→【3D 对象】→【Cube（立方体）】命令，即可在 Game 节点下新建一个内置的 3D 立方体对象，将其重命名为【block】，完成后如图 8-4 所示。

图 8-4　新建立方体对象

在之前的项目中我们已经知道，内置的单色对象实质上是 Sprite 组件的一个载体，它会通过 Sprite 组件将内置的单色图片渲染出来，从而让我们在屏幕上看到。同理，如果我们观察新建的 3D 立方体对象，不难发现它实际上也是 MeshRenderer

组件的一个载体，MeshRenderer 组件的相关属性如表 8-1 所示。

表 8-1　MeshRenderer 组件的相关属性

属　　性	功　　能
Materials	网格资源允许使用多个材质资源，所有的材质资源都在 materials 数组中。如果网格资源中有多个子网格，那么 MeshRenderer 会从 materials 数组中获取对应的材质来渲染此子网格
LightmapSettings	用于烘焙 Lightmap
ShadowCastingMode	指定当前模型是否会投射阴影，需要先在场景中开启阴影
ReceiveShadow	指定当前模型是否会接收并显示其他物体产生的阴影效果，需要先在场景中开启阴影。该属性仅在阴影类型为 ShadowMap 时生效
Mesh	指定渲染所用的网格资源

在 3D 场景中我们放置的是三维模型，想要让三维模型呈现在二维的视窗中，就需要用网格渲染器进行相应的渲染。实际上，我们在视窗中看到的立方体的"样子"，简单来说它是由形状和皮肤组成的，模型的形状由网格资源决定，而模型的皮肤由材质资源决定。在属性检查器中可以看到立方体对象使用了内置的【box.mesh】网格资源和【default-material.mtl】材质资源，如图 8-5 所示。

图 8-5　材质资源与网格资源

8.2.2　3D 视窗调整

我们已经新建好了 block 立方体对象，不过目前在场景编辑器中我们还是"看不到"它的，这是因为此时的视窗离立方体对象"太远了"。当遇到这种情况时，我们可以在层级管理中双击 block 节点，通过这种方式快速地将视窗移动到 block 节点上，如图 8-6 所示。

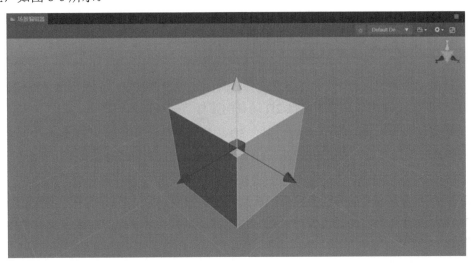

图 8-6　移动视窗到立方体节点上

由于游戏从 2D 项目变成了 3D 项目，因此在调整视窗时，除了水平移动，还多了角度的旋转。在场景编辑器中按住 Alt 键及鼠标左键，就可以对当前的视窗进行旋转了。接下来我们尝试对视窗进行旋转，让蓝色的箭头朝向屏幕外，完成后如图 8-7 所示。

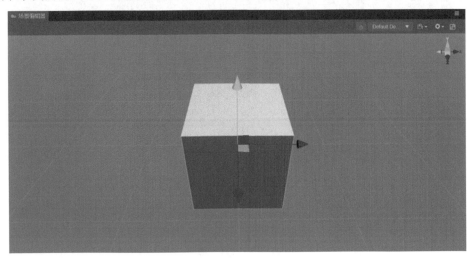

图 8-7　调整视窗角度

在角度调整完成后，我们可以使用鼠标滚轮来对视窗中的场景进行缩放，并将视窗调整到合适的位置。需要注意的是，由于操作的视窗从原先的二维转换为了三维，因此建议多进行几次视角旋转的练习来适应对应的操作。为了便于演示，本章将基于当前角度的视窗进行编辑，如果你在进行后续的操作时，不小心将视窗的角度调整错位或不能熟练地控制角度，则可以重复前面的步骤来恢复视窗的角度：双击【block】节点，按住 Alt 键及鼠标左键调整视窗，让立方体上的蓝色箭头朝向屏幕外。

8.2.3　摄像机角度的调整

此时如果预览运行，我们将会发现预览画面与编辑器视窗中的画面并不"一致"。3D 场景的预览画面似乎并不能像 2D 场景的那样"所见即所得"。

如果说 2D 项目是在纸上画画，那么 3D 项目就像是拍摄电影。游戏场景中的立方体对象此时就是演员，我们需要控制摄像机从合适的角度对其进行拍摄并呈现给观众。

在 2D 项目中创建 Canvas 节点时会自动生成一个与视窗保持一致的摄像机，因此我们并不需要过多地关注摄像机默认的角度等参数。而在 3D 项目中，摄像机默认的角度并没有与视窗的角度保持一致，我们需要根据实际情况来对摄像机的角度进行控制。

在层级管理器中选中【Main Camera】节点，此时我们可以在场景编辑器的右下角看到游戏运行时的预览效果。当对摄像机的角度进行调整时，可以同步地看到变化，如图 8-8 所示。

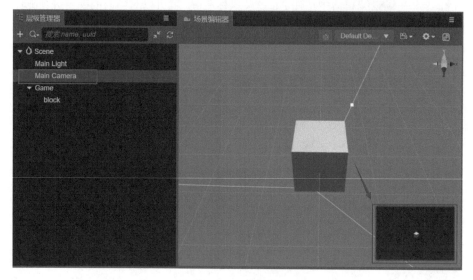

图 8-8　预览效果

在 3D 项目中，如果想让摄像机的角度与在视窗中看到的保持一致，使用手动调整的方式会比较烦琐。因此我们可以在确保对视窗的角度满意的情况下，选中【Main Camera】节点，按下组合键"Ctrl+Shift+F"，此时摄像机就会与视窗快速地对齐。当我们再次预览运行时，将会发现游戏画面已经与在视窗中看到的保持一致了。

8.2.4　3D 节点属性调整

　　与 2D 对象一样，我们也可以在场景编辑器中对 3D 对象的位置、缩放、旋转等参数进行调整。选中【block】对象后，我们就可以使用缩放工具对跳板的"厚度"进行调整了。尝试将 block 的 Y 轴缩放比例修改为 0.1，此时我们会发现立方体被"压扁"了，也就得到了一块跳板，如图 8-9 所示。

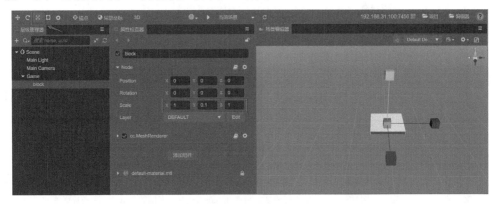

图 8-9　调整缩放比例

　　右击【Game】节点，在弹出的快捷菜单中选择【创建】→【3D 对象】→【Sphere（球体）】命令，为游戏添加一个球体模型并命名为【ball】，后续我们将会把它当作游戏中弹跳的小球。添加完成后将其节点参数进行相应调整，将坐标调整为(0,1.5,0)，使其置于跳板的上方，同时调整小球为原始尺寸的 0.5 倍，完成后如图 8-10 所示。

图 8-10　小球节点

8.3　为 3D 对象添加物理元素

　　在 2D 版本的跃动小球中，我们通过 2D 物理实现了小球的弹跳行为，在 3D 版本中我们同样会使用 3D 物理来实现相应的功能。

8.3.1　3D 物理简介

Cocos Creator 目前支持轻量的碰撞检测系统 builtin、具有物理模拟特性的物理引擎 cannon.js，以及功能完善且强大的 asm.js/wasm 版本（ammo.js）的 bullet，并为开发者提供了高效统一的组件化工作流程和便捷的使用方法，物理引擎类型及其特点如表 8-2 所示。

表 8-2　物理引擎类型及其特点

物理引擎类型	特　　　点
builtin	builtin 仅有碰撞检测的功能，相对于其他的物理引擎，它没有复杂的物理模拟计算。如果项目不需要这一部分的物理模拟，那么可以考虑使用 builtin，这将使得游戏的包体更小
cannon.js	cannon.js 是一个开源的物理引擎，它使用 JavaScript 语言开发并实现了比较全面的物理功能。如果项目需要更多复杂的物理功能，那么可以考虑使用它
bullet（ammo.js）	ammo.js 是 bullet 物理引擎的 asm.js/wasm 版本，由 emscripten 工具编译而来
PhysX	PhysX 是由英伟达公司开发的开源实时商业物理引擎，它具有完善的功能特性和极高的稳定性，同时兼具极佳的性能表现。目前 Cocos Creator 支持的 PhysX 是 4.1 版本的，允许在绝大部分原生和 Web 平台中使用

在编辑器主菜单中选择【项目】→【项目设置】→【功能裁剪】命令，切换使用的物理模块，由于在本项目中我们需要使用物理碰撞来实现弹跳效果，因此这里选择使用基于 PhysX 的物理系统，如图 8-11 所示。

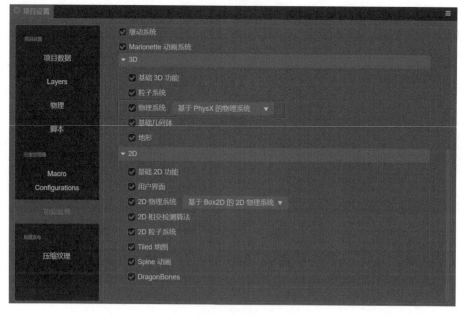

图 8-11　基于 PhysX 的物理系统

8.3.2　添加刚体组件

在上一小节中，我们已经为场景添加了跳板与小球，如果想要让小球动起来，则可以为小球与跳板对象添加相应的刚体组件。选择【添加组件】→【Physics】→【RigidBody】命令，依次为 ball 节点和 block 节点添加 3D 刚体组件，其中 ball 节点的刚体类型为 Dynamic，block 节点的刚体类型为 Static。刚体类型及其说明如表 8-3 所示。

表 8-3　刚体类型及其说明

刚 体 类 型	类 型 说 明
Static	表示静态刚体，可用于描述静止的建筑物。若物体需要持续运动，则应设置为 Kinematic 类型
Dynamic	表示动力学刚体，能够受到力的作用。需根据物理规律来操作物体，并且保证其质量大于 0
Kinematic	表示运动学刚体，通常用于表达电梯这类平台运动的物体。需通过 Transfrom 控制物体的运动

此时预览运行我们会得到一个静止不动的跳板，与一个做自由落体运动的小球。

8.3.3　添加碰撞组件

选择【添加组件】→【Physics】→【SphereCollider】命令，为 ball 节点添加球碰撞组件；选择【添加组件】→【Physics】→【BoxCollider】命令，为 block 节点添加盒碰撞组件。

碰撞组件添加完成后，小球将会与跳板产生碰撞并停在跳板上，不过此时的小球还没有具备相应的弹跳特性，接下来我们需要修改相应的配置。在编辑器主菜单中选择【项目】→【项目设置】→【物理】命令，打开物理参数配置面板，之后将面板中的【弹性系数】修改为【1】，如图 8-12 所示。

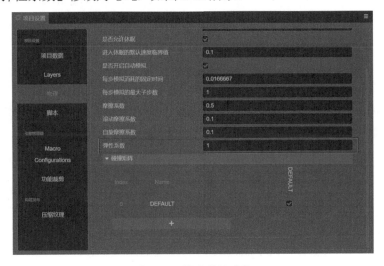

图 8-12　修改弹性系数

再次回到游戏中，将会发现小球可以跳起来了。这里需要注意的是，由于当前版本的引擎存在问题，如果此时小球出现弹跳倾斜则说明球碰撞组件的质心出现了偏差，所以此时我们需要检查小球的质心是否为(0,0,0)，若不一致则需要重新对其进行赋值，如图 8-13 所示。

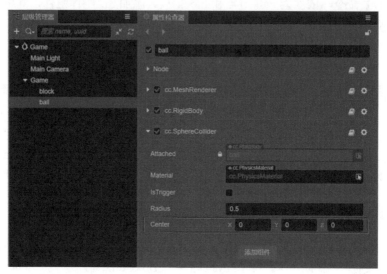

图 8-13　调整小球质心

8.4　实现游戏核心逻辑

在上一小节中，我们已经为游戏对象添加了刚体组件及碰撞组件，接下来开始编写游戏的核心逻辑部分。

8.4.1　移植 2D 核心逻辑

本章游戏的核心逻辑与 2D 版本基本相似，代码上只有细微的差异，所以在编写时我们可以参考 2D 版本的代码。在资源管理器的 scripts 文件夹下创建 Game 脚本，并将脚本挂载到 Game 节点上，代码如下所示。

```
import { _decorator, Component, Node, Prefab, Input, input, Director,
Vec3, instantiate, Collider, RigidBody } from 'cc';
const { ccclass, property } = _decorator;

@ccclass('Game')
export class Game extends Component {
```

```
@property({ type: Node })
private ballNode: Node = null; // 绑定 ball 节点

@property({ type: Prefab })
private blockPrefab: Prefab = null; // 绑定 block 预制体

@property({ type: Node })
private blocksNode: Node = null; // 绑定 blocks 节点


private bounceSpeed: number = 0; // 小球第一次落地时的速度
private gameState: number = 0; // 0：等待开始，1：游戏开始，2：游戏结束
private blockGap: number = 2.4; // 两块跳板的间距
private score: number = 0; // 游戏得分


start() {
    input.on(Input.EventType.TOUCH_START, this.onTouchStart, this);
    this.collisionHandler();
    this.initBlock(); // 初始化跳板
}


update(dt) {
    if (this.gameState == 1) {
        let speed = -2 * dt; // 移动速度

        for (let blockNode of this.blocksNode.children) {
            let pos = blockNode.position.clone();
            pos.x += speed;
            blockNode.position = pos;

            this.checkBlockOut(blockNode); // 跳板出界处理
        }
    }

    // 小球掉出屏幕
    if (this.ballNode.position.y < -4) {
        this.gameState = 2;
        Director.instance.loadScene('Game'); // 重新加载 Game 场景
    }
}


// 跳板出界处理
checkBlockOut(blockNode) {
```

```
        if (blockNode.position.x < -3) {
            // 将出界跳板的坐标修改为下一块跳板出现的位置
            let nextBlockPosX = this.getLastBlockPosX() + this.blockGap;
            let nextBlockPosY = 0;
            blockNode.position = new Vec3(nextBlockPosX, nextBlockPosY,
0);

            this.incrScore(); // 增加得分
        }
    }

    // 获取最后一块跳板的位置
    getLastBlockPosX() {
        let lastBlockPosX = 0;
        for (let blockNode of this.blocksNode.children) {
            if (blockNode.position.x > lastBlockPosX) {
                lastBlockPosX = blockNode.position.x;
            }
        }
        return lastBlockPosX;
    }

    // 创建新跳板
    createNewBlock(pos) {
        let blockNode = instantiate(this.blockPrefab); // 创建预制节点
        blockNode.position = pos; // 设置生成节点的位置
        this.blocksNode.addChild(blockNode); // 将节点添加到blocks节点下
    }

    // 初始化跳板
    initBlock() {
        let posX;

        for (let i = 0; i < 8; i++) {
            if (i == 0) {
                posX = this.ballNode.position.x; // 第一块跳板生成在小球
下方
            } else {
                posX = posX + this.blockGap; // 根据间隔获取下一块跳板的位置
            }
```

```
            this.createNewBlock(new Vec3(posX, 0, 0));
        }
    }


    collisionHandler() {
        let collider = this.ballNode.getComponent(Collider);
        let rigidbody = this.ballNode.getComponent(RigidBody);


        collider.on('onCollisionEnter', () => {
            // 首次落地前 bounceSpeed 值为 0，此时会将小球的落地速度的绝对值进
行赋值
            let vc = new Vec3(0, 0, 0);
            rigidbody.getLinearVelocity(vc);


            if (this.bounceSpeed == 0) {
                this.bounceSpeed = Math.abs(vc.y);
            } else {
                // 此后将落地反弹的速度锁定为第一次落地时的速度
                rigidbody.setLinearVelocity(new Vec3(0, this.
bounceSpeed, 0));
            }
        }, this);
    }


    onTouchStart() {
        // 只有小球落地后才可以进行操作
        if (this.bounceSpeed == 0) return;


        let rigidbody = this.ballNode.getComponent(RigidBody);
        // 将小球的下落速度变成反弹速度的 1.5 倍，实现加速逻辑
        rigidbody.setLinearVelocity(new Vec3(0, -this.bounceSpeed *
1.5, 0));


        this.gameState = 1; // 游戏开始
    }


    // 增加得分
    incrScore() {
        this.score = this.score + 1;
    }
```

```
}
```

代码移植完成后，我们需要将 block 节点制作为预制体，同时为 Game 节点添加一个空节点 blocks，用于存放游戏中的跳板，之后分别将 ball 节点、blocks 节点，以及 block 预制体与 Game 脚本进行绑定，完成后如图 8-14 所示。

由于在 2D 中操作的是像素，而在 3D 中操作的是单位，因此我们在移植代码时也将相应的像素换成了 3D 的单位。在调整为 3D 的单位后，摄像机的角度可能会存在一定的差异，我们可以根据实际的游戏场景调整代码中相应的单位数值。一切都准备就绪后，再次预览运行，此时我们会发现 3D 版本的跃动小球可以玩起来了。

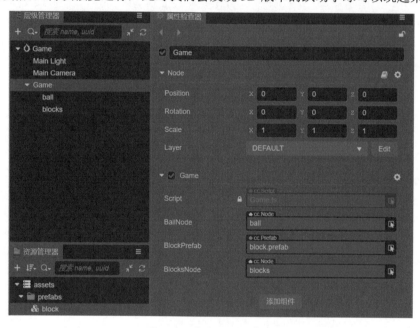

图 8-14　绑定 Game 脚本

8.4.2　显示得分

现在我们已经完成了游戏的核心逻辑部分，让我们继续完善游戏，为游戏添加显示得分用的 Label 组件。右击根节点，在弹出的快捷菜单中选择【创建】→【2D 对象】→【Label（文本）】命令，创建一个 Label 组件，并将其命名为【score】。这里需要注意的是，由于 Label 组件是 2D 对象，因此在创建 score 节点时，编辑器会为我们自动添加用于渲染 2D 对象的 Canvas 节点以及对应的摄像机，并将 score 节点作为 Canvas 节点的子节点。

完成上述操作后我们会发现一个问题，添加的 Label 组件并不能在场景编辑器中被看到。这是因为 Label 属于 2D 对象，而当前的场景编辑器处于 3D 模式中，3D

模式主要用于 3D 场景的编辑，虽然我们可以通过双击的方式将视窗移动到 score 对象，但是这并不能很好地在 3D 模式下对 2D 对象进行调整，因此我们需要通过左上方工具栏中的 3D/2D 按钮切换场景视图为 2D 模式。

在 2D 模式下我们就可以看到刚才添加的 Label 组件了。在属性检查器中将 Label 的【FontSize】和【LineHeight】属性的值都修改为【100】，【String】默认值修改为【0】，之后将 score 节点移动到(0,200,0)，完成后如图 8-15 所示。

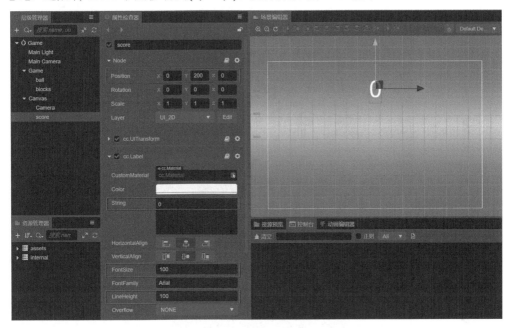

图 8-15　score 对象

接下来为 Game 脚本添加如下代码。

```
@property({type:Label})
private scoreLabel: Label = null; // 绑定 score 节点

incrScore() {
  // ...
  this.scoreLabel.string = String(this.score);
}
```

再次预览运行，此时我们会发现游戏中的得分已经可以正常地显示出来了。

8.4.3　摄像机

或许此时你会产生疑问，为什么在当前的场景编辑器中我们只能看到 2D 的得分对象,而在预览运行后却同时看到了 3D 与 2D 的内容,要回答这个问题我们就需要了解摄像机的基本概念。

游戏中的摄像机是用来捕捉场景画面的主要工具。我们在游戏中看到的内容并不是由视窗显示的内容决定的,而是由摄像机的拍摄区域决定的。

摄像机的可视范围是由一个有 6 个平面的视锥体(Frustum)构成的。近裁剪面(Near Plane)和远裁剪面(Far Plane)分别控制近处和远处的可视距离与范围,同时它们也构成了视口的大小,如图 8-16 所示。

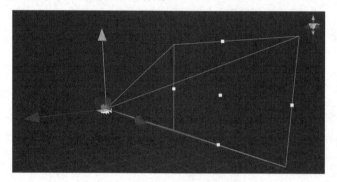

图 8-16　摄像机

在当前的游戏场景中有两个摄像机,分别是根节点下的 Main Camera 和 Canvas 节点下的 Camera。选中【Camera】节点后我们可以看到该节点上挂载了一个 Camera 组件,如图 8-17 所示。

图 8-17　Camera 组件

摄像机组件是用来呈现场景画面的重要功能组件，其相关属性如表 8-4 所示。

表 8-4 摄像机组件的相关属性

属 性 名 称	说 明
Priority	摄像机的渲染优先级，值越小越优先渲染
Visibility	可见性掩码，声明在当前摄像机中可见的节点层级的集合
ClearFlags	摄像机的缓冲清除标志位，指定帧缓冲的哪部分要清除所有帧。包含： DONT_CLEAR：不清空； DEPTH_ONLY：只清空深度； SOLID_COLOR：清空颜色、深度与模板缓冲； SKYBOX：启用天空盒，只清空深度
ClearColor	指定清空颜色
ClearDepth	指定深度缓冲清空值
ClearStencil	指定模板缓冲清空值
Projection	摄像机投影模式。分为透视投影（PERSPECTIVE）和正交投影（ORTHO）
FovAxis	指定视角的固定轴向，在此轴上不会跟随屏幕的长宽比例变化
Fov	摄像机的视口大小
OrthoHeight	正交模式下的视口
Near	摄像机的近裁剪距离，应在可接受范围内尽量取最大值
Far	摄像机的远裁剪距离，应在可接受范围内尽量取最小值
Aperture	摄像机光圈，影响摄像机的曝光参数
Shutter	摄像机快门，影响摄像机的曝光参数
Iso	摄像机感光度，影响摄像机的曝光参数
Rect	摄像机最终渲染到屏幕上的视口的位置和大小
TargetTexture	指定摄像机的渲染输出目标贴图，默认为空，直接渲染到屏幕

通过查看两个摄像机的相关属性，我们发现负责拍摄 3D 内容的 Main Camera 默认的渲染优先级【Priority】为【0】，其可见性掩码【Visibility】默认勾选了默认层【DEFAULT】，因此当我们运行游戏时，归属于默认层的 Game 节点及其下的 3D 子节点都会被 Main Camera 拍摄并呈现到屏幕中。

负责拍摄 2D 内容的 Camera，其可见性掩码 Visibility 默认勾选了【UI_2D】层，因此当我们运行游戏时，归属于 UI_2D 层的 Canvas 节点及其下的 2D 子节点都会被 Camera 拍摄并呈现到屏幕中，其默认的渲染优先级【Priority】为【1073741824】，这是一个非常大的数，因此 Camera 拍摄到的 2D 内容将会在最后进行渲染，也就是说 2D 内容会直接"叠"在 3D 内容之上。

8.4.4 小节代码一览

在本小节中，Game 脚本的最终代码如下所示。

```
import { _decorator, Component, Node, Prefab, Input, input, Director,
Vec3, instantiate, Collider, RigidBody, Label } from 'cc';
const { ccclass, property } = _decorator;

@ccclass('Game')
export class Game extends Component {

    @property({ type: Node })
    private ballNode: Node = null; // 绑定 ball 节点
    @property({ type: Prefab })
    private blockPrefab: Prefab = null; // 绑定 block 预制体
    @property({ type: Node })
    private blocksNode: Node = null; // 绑定 blocks 节点

    @property({type:Label})
    private scoreLabel: Label = null; // 绑定 score 节点

    private bounceSpeed: number = 0; // 小球第一次落地时的速度
    private gameState: number = 0; // 0: 等待开始, 1: 游戏开始, 2: 游戏结束
    private blockGap: number = 2.4; // 两块跳板的间距
    private score: number = 0; // 游戏得分

    start() {
        input.on(Input.EventType.TOUCH_START, this.onTouchStart, this);
        this.collisionHandler();
        this.initBlock(); // 初始化跳板
    }

    update(dt) {
        if (this.gameState == 1) {
            let speed = -2 * dt; // 移动速度

            for (let blockNode of this.blocksNode.children) {
                let pos = blockNode.position.clone();
                pos.x += speed;
                blockNode.position = pos;

                this.checkBlockOut(blockNode); // 跳板出界处理
            }
        }
```

```
        // 小球掉出屏幕
    if (this.ballNode.position.y < -4) {
        this.gameState = 2;
        Director.instance.loadScene('Game'); // 重新加载 Game 场景
    }
}


// 跳板出界处理
checkBlockOut(blockNode) {
    if (blockNode.position.x < -3) {
        // 将出界跳板的坐标修改为下一块跳板出现的位置
        let nextBlockPosX = this.getLastBlockPosX() +
this.blockGap;
        let nextBlockPosY = 0;
        blockNode.position = new Vec3(nextBlockPosX,
nextBlockPosY, 0);
        this.incrScore(); // 增加得分
    }
}


// 获取最后一块跳板的位置
getLastBlockPosX() {
    let lastBlockPosX = 0;
    for (let blockNode of this.blocksNode.children) {
        if (blockNode.position.x > lastBlockPosX) {
            lastBlockPosX = blockNode.position.x;
        }
    }
    return lastBlockPosX;
}


// 创建新跳板
createNewBlock(pos) {
    let blockNode = instantiate(this.blockPrefab); // 创建预制节点
    blockNode.position = pos; // 设置生成节点的位置
    this.blocksNode.addChild(blockNode); // 将节点添加到 blocks 节点下
}


// 初始化跳板
```

```
initBlock() {
    let posX;

    for (let i = 0; i < 8; i++) {
        if (i == 0) {
            posX = this.ballNode.position.x; // 第一块跳板生成在小球
下方
        } else {
            posX = posX + this.blockGap; // 根据间隔获取下一块跳板的位置
        }

        this.createNewBlock(new Vec3(posX, 0, 0));
    }
}

collisionHandler() {
    let collider = this.ballNode.getComponent(Collider);
    let rigidbody = this.ballNode.getComponent(RigidBody);

    collider.on('onCollisionEnter', () => {
        // 首次落地前 bounceSpeed 值为 0，此时会将小球的落地速度的绝对值进
行赋值
        let vc = new Vec3(0, 0, 0);
        rigidbody.getLinearVelocity(vc);

        if (this.bounceSpeed == 0) {
            this.bounceSpeed = Math.abs(vc.y);
        } else {
            // 此后将落地反弹的速度锁定为第一次落地时的速度
            rigidbody.setLinearVelocity(new Vec3(0,
this.bounceSpeed, 0));
        }
    }, this);
}

onTouchStart() {
    // 只有小球落地后才可以进行操作
    if (this.bounceSpeed == 0) return;

    let rigidbody = this.ballNode.getComponent(RigidBody);
```

```
    // 将小球的下落速度变成反弹速度的 1.5 倍，实现加速逻辑
    rigidbody.setLinearVelocity(new Vec3(0, -this.bounceSpeed *
1.5, 0));

    this.gameState = 1; // 游戏开始
  }


  // 增加得分
  incrScore() {
    this.score = this.score + 1;
    this.scoreLabel.string = String(this.score);
  }
}
```

8.5　本章小结

通过本章的学习，我们将 2D 版本的跃动小球进行了移植，并制作了第一个 3D 小游戏。在移植游戏的过程中，我们初步学习了相关的 3D 基础知识，了解了在 2D 模式与 3D 模式下的场景编辑器的差异，也学习了摄像机的基础概念。虽然这个 3D 小游戏并不够"3D"，但是这会是一个好的开始，相信你在本章中学习的知识一定可以为日后更深入的学习打下基础。

第 9 章

跨平台发布

经过了前面多个项目的练习，相信你已经能够熟练地掌握 Cocos Creator 的基本操作了，同时具备了一定的小游戏开发基础。当你在制作了一个游戏之后一定会想将自己的游戏分享给更多的人。在本章中，我们学习如何构建发布游戏，以及如何将自己的游戏打包并分享给其他人。

9.1　模块简介及基础准备

9.1.1　模块简介

Cocos Creator 目前支持发布游戏到 Web、iOS、Android 等多个平台上。当我们完成游戏开发后，可以根据自己的实际需求将游戏发布到对应的平台上。为了便于演示，在本章中我们会创建一个含有简单场景的项目，之后将通过该项目，学习构建发布面板的基础操作及各平台的导出流程。

9.1.2　创建项目

打开 Cocos Dashboard，点击【项目】选项卡，点击【新建】按钮打开项目创建面板，选择【Empty(2D)】模板，在将【项目名称】修改为【demo-009】后点击【创建】按钮，如图 9-1 所示。

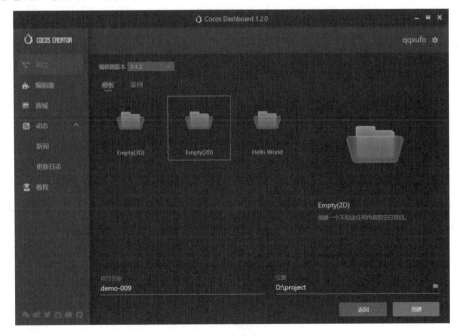

图 9-1　创建新项目

9.1.3　目录规划与资源导入

在资源管理器中依次创建两个文件夹，并分别将其命名为 scenes、scripts，其中 scenes 文件夹用于存放场景资源，scripts 文件夹用于存放脚本资源，完成后的项目目录结构如图 9-2 所示。

图 9-2　项目目录结构

9.1.4　场景初始化

在编辑器顶部选择【项目】→【项目设置】→【项目数据】命令，进入项目数据调整面板，在面板中分别将【设计宽度】和【设计高度】的值修改为【1280】和【720】。

右击层级管理器，在弹出的快捷菜单中选择【创建】→【UI 组件】→【Canvas（画布）】命令，创建一个 Canvas 节点。创建完成后使用组合键 "Ctrl+S" 将当前场景保存到 scenes 文件夹下，并将场景命名为【Game】。

9.1.5　场景搭建

1. 背景

在 Canvas 节点下新建一个单色对象并命名为【bg】，之后将其宽和高分别修改为【1280】和【720】，同时将颜色修改为【#707070】。

2. 提示文字

在 bg 节点下新建一个 Label 对象并命名为【hint】，之后将其【FontSize】和【LineHeight】属性的值分别设置为【60】和【70】，同时将【String】修改为【Hello World】。

9.2　初识构建发布面板

在 Cocos Creator 中，我们可以在构建发布面板中对项目进行构建与打包。项目的构建是一个非常常用的功能，因此在学习如何导出项目之前，还需要学习并熟悉面板的基础操作，同时了解通用构建选项，为后续的项目导出做准备。

9.2.1 构建发布配置页

在编辑器主菜单中选择【项目】→【构建发布】命令或者使用组合键"Ctrl+Shift+B"即可打开构建发布面板。由于我们是首次打开该面板，且还没有构建过任一平台，因此在打开面板时会看到【编辑构建发布配置】窗口，如图 9-3 所示。

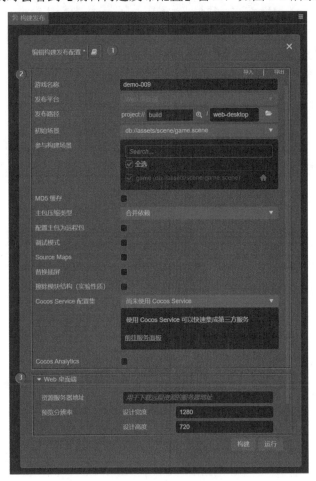

图 9-3 【编辑构建发布配置】窗口

打开面板之后我们会看到很多的参数选项，页面中的配置参数总共分成了两部分，分别是上半部分的通用构建选项和下半部分的特定平台构建选项。下半部分的特定平台构建选项会根据通用构建选项选择的平台类型进行相应的变化，我们也可以通过点击顶部的书本图标按钮跳转到当前平台的官方文档。

这里需要注意的是，如果你创建了一个没有任何场景的项目，那么在打开构建发布面板时，是没有办法进行构建的，如图 9-4 所示。因此在构建之前，请确保当前项目中至少存在一个场景。

图 9-4　无法进行构建

9.2.2　通用构建选项简介

1. 游戏名称

填写构建项目的名称。

2. 构建平台

选择需要构建发布的平台。

3. 发布路径

图 9-3 的【发布路径】后面的第一个文本框用于指定项目的发布路径，可以直接在文本框中输入路径或者通过旁边的放大镜按钮选择路径；第二个文本框用于指定项目构建时的任务名称以及构建后生成的发布包的名称。

4. 初始场景

设置打开游戏后进入的第一个场景。可以在【参与构建场景】搜索框中搜索需要的场景，将鼠标移动到所需场景栏，然后点击右侧出现的按钮，即可将其设置为初始场景。

5. 参与构建场景

勾选需要发布的场景，取消勾选不需要发布的场景，可以减小构建后生成的项目发布包的包体体积。

6．MD5 缓存

为构建后的所有资源文件名加上 MD5 信息，可以解决 CDN 和浏览器资源缓存的问题。

7．主包压缩类型

设置主包的压缩类型，目前提供了合并依赖、无压缩、合并所有 JSON、小游戏分包、Zip 这几种压缩类型用于优化 Asset Bundle。

8．配置主包为远程包

该项为可选项，需要与【资源服务器地址】文本框配合使用。勾选后，主包会被配置为远程包，并与其相关依赖资源一起被构建到发布包目录remote下的内置Asset Bundle-main 中。开发者需要将整个 remote 文件夹上传到远程服务器。

9．调试模式

若不勾选该项，则处于发布（release）模式，会对资源的 UUID、构建出来的引擎脚本和项目脚本进行压缩和混淆，并且对同类资源的 json 做分包处理，可以减少资源加载的次数。若勾选该项，则处于调试模式，同时可以配合勾选【Source Maps】复选框，对项目进行调试，更方便对问题进行定位。

10．Source Maps

勾选该项后生成 sourcemap，可以将已转换的代码映射到源码，调试时可以直接查看和调试源码，更容易对问题进行定位。

11．替换插屏

将鼠标移动到该选项上时会出现编辑图标的按钮，点击该按钮打开插屏设置面板，编辑数据后将会实时保存。可以手动指定插屏图片的路径，或者直接将文件系统的图片拖动到图片处进行替换。

12．擦除模块结构（实验性质）

若勾选该项，则脚本导入速度更快，但无法使用模块特性，例如 import.meta、import() 等。

9.2.3　平台构建选项简介

目前在 Cocos Creator 中，不同平台的处理均以插件的形式注入构建发布面板。在构建发布面板的发布平台中选择要构建的平台后，将会看到对应平台的展开选项，展开选项的名称便是平台插件名，在编辑器主菜单中选择【扩展】→【扩展管理器】→【内置】命令，可以看到各平台的插件。

9.2.4　构建任务

若已经构建过某一平台，则打开构建发布面板时会进入【新建构建任务】窗口。以 Cocos Creator 3.4.2 为例，各个平台的构建都是以构建任务的形式进行的，如图 9-5 所示。

图 9-5　【新建构建任务】窗口

该窗口左下方的按钮的相关功能如下。

① 点击该按钮即可打开对应平台构建后生成的项目发布包（默认在 build 目录下）。

② 点击该按钮即可返回构建发布面板，修改对应平台在上一次构建时配置的构建选项。

③ 点击该按钮即可返回构建发布面板，查看对应平台在上一次构建时配置的构建选项。

④ 点击该按钮即可打开对应平台在构建过程中产生的日志文件或者日志文件所在的目录，可以通过选择【偏好设置】→【构建发布】→【日志文件】选项进行设置。

9.3　为 Web 导出

Cocos Creator 提供了 Web 平台的页面模板，通过 Web 模板构建出的游戏可以直接发布到浏览器上，接下来我们将学习 Web 平台的导出流程。

9.3.1　构建配置

打开构建发布面板，在【发布平台】下拉列表中，我们可以看到 Cocos Creator 内置了两种 Web 平台的页面模板，分别是 Web 手机端和 Web 桌面端，它们的主要区别如下。

（1）Web 手机端会默认将游戏视图铺满整个浏览器窗口。

（2）Web 桌面端允许在发布时指定一个游戏视图的分辨率，而且之后游戏视图也不会随着浏览器窗口的变化而变化。

在本章中我们选择的是 Web 桌面端模板，如图 9-6 所示。

图 9-6　Web 桌面端模板

9.3.2　构建项目

在上一步中，我们选择了发布平台，接下来不需要修改任何默认设置，直接点击【构建】按钮对项目进行构建。构建完成后点击【新建构建任务】窗口左下方的文件夹图标按钮，打开发布路径之后，我们会得到以下文件，如图 9-7 所示。

图 9-7　Web 导出文件

这里需要注意的是，如果直接在浏览器中打开 index.html，就会发现此时的游戏项目没有办法正常加载。这是因为我们没有启动服务器，当前浏览器指向的资源文件的路径是无效的，所以我们没有办法正常运行导出的游戏。正确的方式是将构建出的对应文件夹里的内容整个复制到 Web 服务器上，这样就可以通过相应的地址访问服务器了。

9.3.3   搭建简易的本地服务器

为了便于演示，接下来我们将在本地搭建一个简易的静态资源服务器。我们可以选择安装 Node.js，并使用 npm 获取 anywhere 插件来快速搭建一个静态服务器，当然也可以选择其他的方式启动本地服务器。

在搜索引擎中搜索 Node.js 的官方网站，可以看到稳定版本和尝鲜版本的下载按钮。目前最新的稳定版本是 16.14.0，直接下载稳定版本即可，如图 9-8 所示。

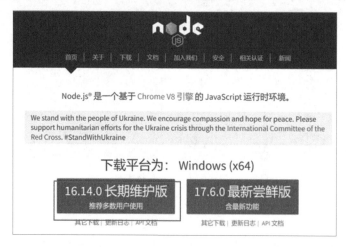

图 9-8　Node.js 的官方网站

安装完成后，打开命令行，输入命令【node -v】，如果安装正常，你就会看到相应的版本信息输出以下内容。

```
C:\Users\AX>node-v
v16.14.0
```

在命令行中输入命令【npm i anywhere -g】并按回车键，稍等片刻 anywhere 就会被安装到计算机上了。

在确认 anywhere 安装完成后，将命令行的路径切换到 Web 导出目录。之后在命令行中输入【anywhere】并按下回车键，anywhere 就会在当前目录启动一个静态资源服务器，如图 9-9 所示。

```
D:\project\demo-009\build\web-desktop>anywhere
Running at http://192.168.31.100:8000/
Also running at https://192.168.31.100:8001/
```

图 9-9　启动静态资源服务器

接下来在浏览器中直接打开命令行上的地址，它将会访问本机的静态服务器地址，之后就可以在浏览器中看到正常运行的游戏项目了。

9.4　为 Android 导出

接下来我们将学习如何为 Android 导出配置基础的开发环境，并在环境配置完成后导出我们的第一个 Android 应用。

9.4.1　配置 Java 环境

首先到 Java 的官方网站下载开发工具包 JDK，本书使用的 JDK 版本为 15.0.2，并在安装时将安装目录选择为 C:\Program Files\Java\jdk-15.0.2，之后根据提示进行安装即可。

安装完成后，我们还需要将 JDK 的路径配置到环境变量中才能完成 Java 环境的配置。右击【此电脑】图标，在弹出的快捷菜单中选择【属性】→【高级系统设置】→【环境变量】命令，打开编辑系统变量面板，之后将安装目录配置到 JAVA_HOME 环境变量中，如图 9-10 所示。

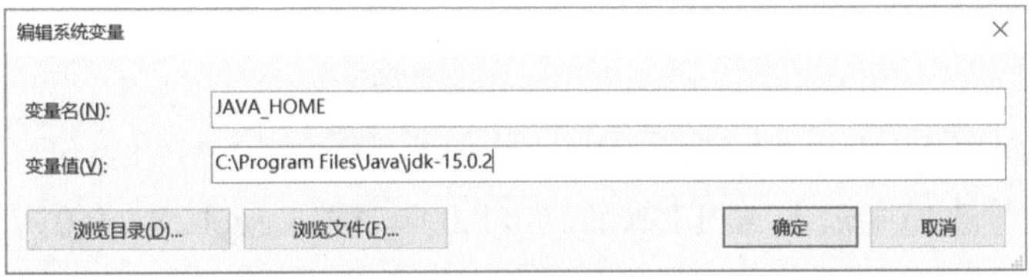

图 9-10　配置环境变量

配置完成后在命令行中输入命令【java -version】，如果安装正常，我们会看到相应的版本信息。

```
C:\Users\AX>java -version
java version "15.0.2" 2021-01-19
Java(TM) SE Runtime Environment (build 15.0.2+7-27)
Java HotSpot(TM) 64-Bit Server VM (build 15.0.2+7-27, mixed mode,
sharing
```

9.4.2　安装 Android Studio

首先从 Android Studio 的官方网站上获取最新的 Android Studio 安装包，之后根据提示进行安装。

安装完成后，我们还需要通过 Android Studio 来获取编译所需的 SDK 和 NDK 包。在 Android Studio 中新建一个空的工程项目，待首次新建工程初始化完成后，在菜单栏中选择【File】→【Settings】→【Appearance&Behavior】→【System Settings】→【Android SDK】命令，打开 SDK Manager，如图 9-11 所示。

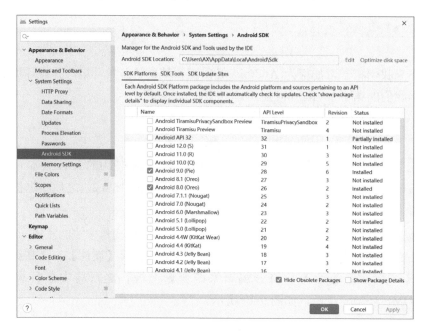

图 9-11　SDK Manager

（1）在【SDK Platforms】选项卡中勾选你希望安装的 API Level，即支持安卓系统的版本，推荐选择主流的 API Level 26（8.0）、API Level 28（9.0）等，如图 9-12 所示。

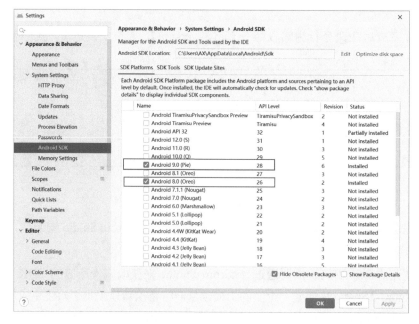

图 9-12　勾选 API Level

（2）在【SDK Tools】选项卡中，勾选右下角的【Show Package Details】复选框，显示不同版本的工具，如图 9-13 所示。

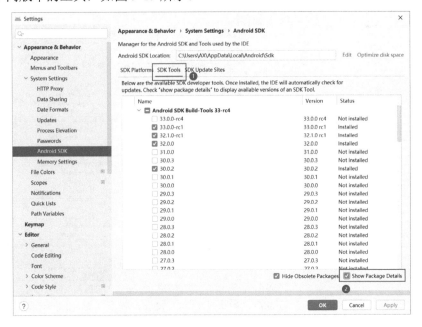

图 9-13　显示详细版本信息

（3）在 Android SDK Build-Tools 中，选择最新的 build tools 版本，如图 9-14 所示。

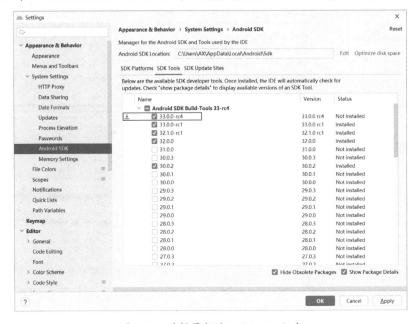

图 9-14　选择最新的 build tools 版本

（4）勾选【Android SDK Platform-Tools】和【CMake】复选框，如图 9-15 所示。

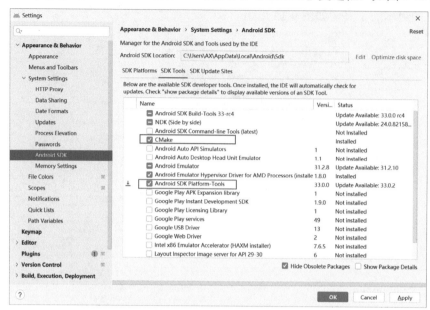

图 9-15　勾选【Android SDK Platform-Tools】和【CMake】

（5）勾选 NDK，推荐使用 r18~21 版本，在本书中使用的是 r18.1.5063045 版本，如图 9-16 所示。

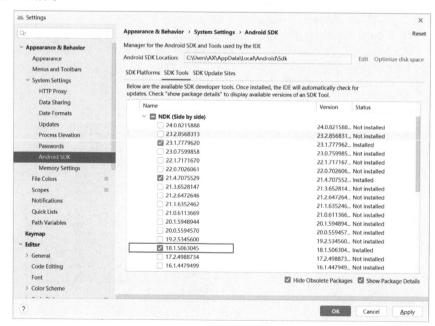

图 9-16　勾选 NDK

（6）记住窗口上方所示的 Android SDK Location 指示的目录，稍后我们需要在 Cocos Creator 编辑器中填写这个 SDK 所在的位置，如图 9-17 所示。

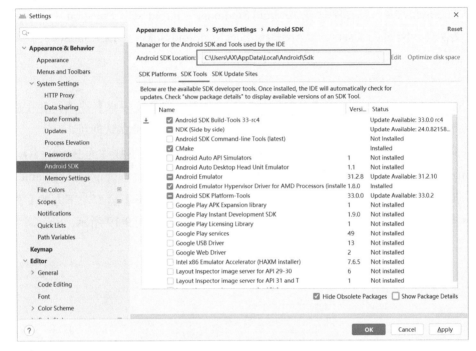

图 9-17 SDK 所在的位置

（7）点击【OK】按钮，根据提示完成安装。

9.4.3 配置 SDK 和 NDK 路径

下载并安装好开发环境后，回到 Cocos Creator 中配置发布平台的环境路径。在主菜单中选择【Cocos Creator】→【偏好设置】命令，打开偏好设置面板，并在面板中配置 SDK 和 NDK 的路径，如图 9-18 所示。

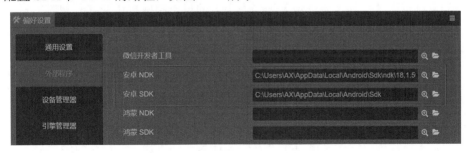

图 9-18 配置 SDK 和 NDK 的路径

Android SDK：选择刚才在 Android Studio 的 SDK Manager 中记下的 Android

SDK Location（Android SDK 的目录下应该包含 build-tools、platforms 等文件夹），例如 C:\Users\AX\AppData\Local\Android\Sdk。

Android NDK：选择刚才在 Android Studio 的 Android SDK Location 中下载好的 ndk 文件夹，例如 C:\Users\AX\AppData\Local\Android\Sdk\ndk\18.1.5063045。

9.4.4　构建项目

打开构建发布面板，在【发布平台】下拉列表中选择【安卓】选项，并在应用 ID 名称的文本框中输入【com.demo.android】，其余参数保持默认即可。

应用 ID 是第三方应用的唯一识别码，在 iOS 应用市场中被称为 Bundle ID，在 Android 应用市场中被称为 Application ID，一般格式是：com.company.appName。

点击【构建】按钮，待构建完成后点击【新建构建任务】窗口左下方的文件夹图标按钮，打开发布路径之后，我们会得到以下文件，如图 9-19 所示。

图 9-19　安卓导出文件

其中 proj 文件夹是 Cocos Creator 为项目自动生成的 Android Studio 工程，我们可以用 Android Studio 直接打开对应的工程文件，之后可以在 Android Studio 中构建并生成游戏安装包。也可以在构建文件生成后，通过点击构建任务的【生成】按钮一键生成安装包。

这里需要注意的是，由于每个人的设备都存在差异，在进行构建生成安装包时，有可能不会这么顺利，在看到构建生成报错时不用过于担心，这是非常正常的，此时我们可以点击【新建构建任务】窗口左下方的日志图标按钮来打开相应的日志。我们可以在日志中检索【error】或者【failure】关键词，之后把相应的报错信息复制到搜索引擎中进行检索并寻找解决方案，或者在论坛中进行提问。

这里我们选择使用构建发布面板中的【生成】按钮来导出安装包，如果点击【生成】按钮后没有报错，并且成功地执行完毕，那么我们的第一个安卓应用程序就已经打包完毕了。

点击【新建构建任务】窗口左下方的文件夹图标按钮，打开发布路径后会看到路径下新生成了一个 publish 文件夹，文件夹中就存放着刚刚生成的安装文件，如图 9-20 所示。

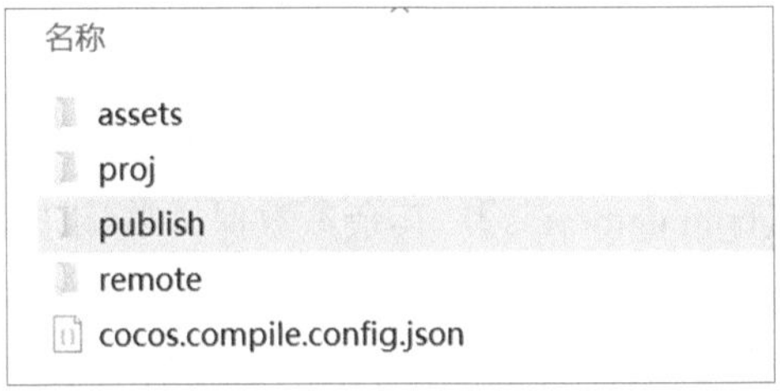

名称

　　▯ assets
　　▯ proj
　　▯ publish
　　▯ remote
　　▯ cocos.compile.config.json

图 9-20　publish 文件夹

　　安装包生成后，使用电脑中的安卓模拟器，或者将安装包直接发送到安卓设备即可安装并运行游戏。

9.5　为 iOS 导出

　　接下来我们将学习如何为 iOS 导出配置基础的开发环境，并在环境配置完成后导出我们的第一个 iOS 应用程序。在本小节中，我们会以模拟器上的运行为例，若需要使用真机，可以参考官方文档的 iOS 真机调试部分的内容。

9.5.1　安装 Xcode

　　这里需要注意的是，iOS 的开发工具 Xcode 只能在 macOS 上运行，因此我们需要在 macOS 下进行演示。

　　在 App Store 中搜索 Xcode 进行下载，待下载完成后点击 Xcode 图标并根据提示完成安装，如图 9-21 所示。

图 9-21　安装 Xcode

9.5.2 构建项目

打开构建发布面板，在【发布平台】下拉列表中选择【iOS】选项，并在应用 ID 名称的文本框中输入【com.demo.ios】，其余参数保持默认即可。

点击【构建】按钮，待构建完成后点击【新建构建任务】窗口左下方的文件夹图标按钮，打开发布路径之后，我们会得到图 9-22 所示的文件和文件夹。

图 9-22　iOS 导出文件和文件夹

其中 proj 文件夹是 Cocos Creator 为项目自动生成的 Xcode 工程，我们可以用 Xcode 直接打开对应的工程文件，之后可以在 Xcode 中进行构建并生成游戏安装包。也可以在构建文件生成后，通过点击构建任务的【生成】按钮一键生成游戏安装包。

这里我们选择使用构建发布面板中的【生成】按钮来生成包体，如果在点击【生成】按钮后没有报错，并且成功地执行完毕，那么我们的第一个 iOS 应用程序就打包完毕了。

点击【新建构建任务】窗口左下方的文件夹图标按钮，在 proj 目录下会新生成一个 Release-iphonesimulator 文件夹，文件夹中就存放着刚刚生成的安装文件，如图 9-23 所示。

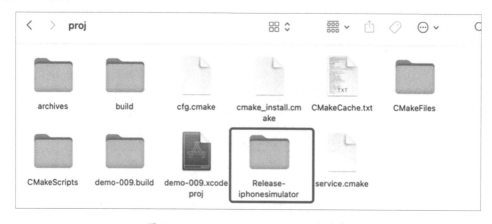

图 9-23　Release-iphonesimulator 文件夹

安装包生成后，点击构建任务的【运行】按钮，Cocos Creator 会为我们打开
iPhone 手机模拟器，并将安装包进行安装，待安装完成后模拟器会直接运行游戏，
如图 9-24 所示。

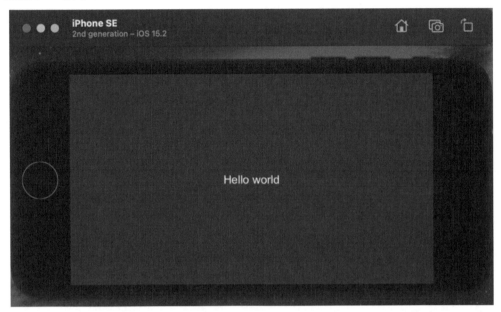

图 9-24　模拟器运行效果

9.6　为小游戏平台导出

Cocos Creator 支持导出到多个小游戏平台，并且各个小游戏平台的导出流程非
常相似。接下来我们将会以微信小游戏为例，其他平台导出可以参考 Cocos Creator
官方文档。

9.6.1　配置微信开发者工具

在微信官方文档的网站中点击【开发】→【工具】选项卡，找到对应的操作系
统的安装包，如图 9-25 所示。

下载完成后根据提示进行安装，待安装成功后，在 Cocos Creator 编辑器主菜单
中选择【Cocos Creator】→【偏好设置】→【外部程序】命令，配置微信开发者工具
路径，如图 9-26 所示。

图 9-25　下载微信开发者工具

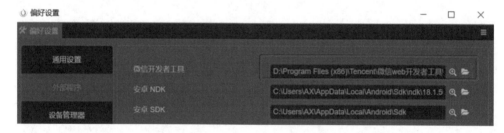

图 9-26　配置微信开发者工具路径

9.6.2　构建项目

打开构建发布面板，在【发布平台】下拉列表中选择微信小游戏对应的选项，如果已经注册了微信小程序账号，可以在 AppID 的文本框中输入后台获取的应用 ID，其余参数保持默认即可。

点击【构建】按钮，待构建完成后点击【新建构建任务】窗口左下方的文件夹图标按钮，打开发布路径之后，我们会得到图 9-27 所示的文件。

电脑 > Data (D:) > project > demo-009 > build > wechatgame		
名称	修改日期	类
assets	2022/4/4 17:05	文
cocos-js	2022/4/4 17:06	文
libs	2022/4/4 17:06	文
src	2022/4/4 17:06	文
application.js	2022/4/4 17:06	Ja
first-screen.js	2022/2/16 23:58	Ja
game.js	2022/4/4 17:06	Ja
game.json	2022/4/4 17:06	JS
project.config.json	2022/4/4 17:06	JS
splash.png	2022/2/16 23:58	PI

图 9-27　微信小游戏导出文件

wechatgame 文件夹已经包含了微信小游戏环境的配置文件：game.json 和 project.config.json，我们可以根据实际需求对文件进行修改。接下来我们可以通过微信开发者工具直接打开该项目的文件夹，进行小游戏的预览，如图 9-28 所示。

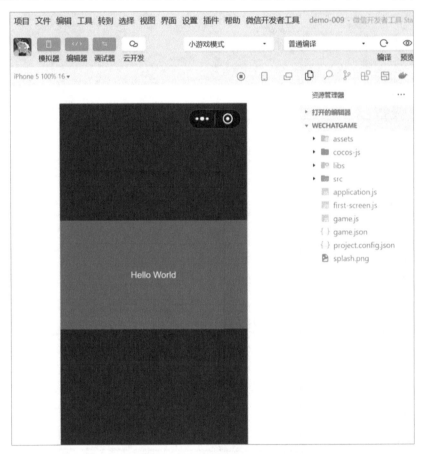

图 9-28　微信开发者工具预览

9.7　本章小结

通过本章的学习，我们初步了解了 Cocos Creator 的导出发布流程，学会了如何配置导出所需的开发环境，并尝试将项目导出到多个平台。相信经过本章的学习，你已经大致了解了 Cocos Creator 的发布流程，并能将自己制作的游戏导出分享给朋友们。到此本书也接近尾声了，下一章我们会探讨一些"技术之外"的内容，聊一聊如何获取游戏灵感，并将灵感落地成项目直到最终上线。

第 10 章

独立项目的设立与上线

经过前面几章的练习，我们制作了多个小游戏的 Demo，虽然这些小游戏可能都比较"简陋"，但是"麻雀虽小，五脏俱全"。在制作这些小游戏的过程中，我们学习了 Cocos Creator 各个方面的基础知识，包括 2D 对象、缓动系统、音频系统、物理系统等，也学会了如何将制作好的游戏项目发布到对应的平台上。也许本书制作的小游戏并不能满足你心中所想，但相信此刻的你已经有能力利用前面学习的知识，将自己心中所想的游戏制作出来了。

本章作为最后一章，介绍的内容并不会特别地"技术"，而是一些独立小游戏开发者们的经验与心得，包括如何获取游戏灵感，如何为游戏立项，如何进行游戏的上架等。相信这些内容一定会让你有所启发。

10.1　如何获取游戏灵感

万事开头难，很多想做游戏的朋友，在开始学游戏开发的时候往往容易陷入一个困局。一开始是抱着做游戏的目的去学习的引擎，但在学习了很多编程技巧以及引擎 API 后，发现自己可能会受限于此而想不出好的游戏点子，从而无法迈出游戏制作的第一步。

这种情况是十分正常的。游戏引擎归根结底只是工具，工具是需要为思想服务的，而制作游戏则与绘画、写作一样属于创作的一种形式，如果你的大脑一片空白，那么不管你的编程技能掌握得多扎实，可能还是无法创造出好玩的游戏。因此在提升编程技巧的同时，还需要有意识地去获取"灵感"。

在本节中，我们将会探讨在游戏创作之初有哪些获取灵感的办法。如果你没有好的灵感，那么本小节的内容将会给你提供基础的思考方向，为你打开思路。如果你心中已经有一个很不错的想法，那么本小节的内容也将会帮助你从多维度去思考，从而扩充你的想法。相信这些内容一定会对你有所启发。

10.1.1　带着问题去玩游戏

如果想要获取有趣的游戏创意，不妨尝试带着问题去玩一些优秀的游戏。在获得乐趣的同时，快速地按下暂停键，然后思考并进行逆向分析，尝试分析为什么这个游戏能够让自己产生"有趣"的感觉，并把你在游戏中最渴望做的事情记录下来；留意游戏的核心玩法以及关卡设计，尽可能地把自己觉得有趣的内容记录下来；同时分析游戏的设计、流程、UI、游戏玩法等要素，也可以帮助你更好地理解游戏的整体思路。

因为我们的目的是从游戏中获取灵感，所以在挑选游戏时，尽可能多地选择不同类型的游戏，而不仅仅是自己喜欢的类型。

如果你不知道从什么游戏开始玩起，那么可以选择一些经典的游戏，例如超级马里奥、吃豆人、魂斗罗等，如图 10-1 所示。由于经典游戏的画面表现力比较弱，所以在设计时对"乐趣"的挖掘往往会很深入，这是非常值得我们学习的。

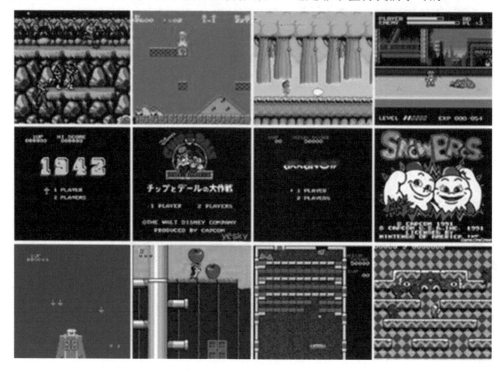

图 10-1　经典游戏

10.1.2　关注热门游戏榜单和趋势

相信大家在制作游戏的时候，肯定不是想做出一个只有自己觉得好玩的游戏，而是想做出更多的人觉得好玩的游戏，这个时候了解市场的现状就十分重要了。

关注热门游戏榜单和趋势可以让我们了解市场的现状。从市场中我们可以知道当前环境下大众喜欢的游戏类型和方向，只有对市场环境足够了解才能做出不脱节的游戏。

现在有非常多的第三方网站统计了应用市场的游戏排行榜，像七麦数据、点点数据都有相应的应用市场游戏排行榜。我们可以直接在这些网站中查看时下流行的游戏，如图 10-2 所示。

除了应用市场的游戏排行榜，我们还可以在一些视频网站上搜索关键字"游戏推荐"，很多的游戏博主会对时下流行的游戏进行盘点与评测。通过看盘点与评测视频的方式可以帮助我们高效地了解游戏的动态。

图 10-2　应用市场游戏排行榜

定期了解热门游戏的动态，关注榜单排名靠前的游戏，之后把热度高的游戏都下载下来认真地体验并分析，同时关注这些热门游戏的厂商的其他游戏。通过这种方式可以保证我们对于当前的游戏市场环境以及趋势有足够的敏感度，从而保证制作方向不会与之偏离。

10.1.3　制作灵感笔记

相信你曾经遇到过这么一种情况，走在路上、午后发呆或者路过某地时，脑子里会突然闪过一些奇妙的想法。我们可以通过使用手机的笔记或者录音功能，及时地记录自己的奇思妙想。此时并不需要关注想法的可行性，只需要记下来就可以，然后定期对这些想法进行整理。当你开始制作灵感笔记，就可以在需要灵感的时候进行翻看，随着时间的积累，这将会是一笔巨大的灵感财富。

10.1.4　拓宽灵感获取的渠道

如果你手里只有一把锤子，你就会把所有的问题都看成钉子。当我们在获取游戏灵感时，不妨跳出游戏，尝试进行"跨界"来获取灵感。

游戏并不是我们获取灵感的唯一渠道，我们还可以从电影、漫画、小说、音乐等其他途径获取灵感。尝试跳出"盒子"进行思考，往往能打开新的思路，更容易制作出有"新意"的游戏。

10.1.5 SCAMPER 分析法

SCAMPER 分析法也被称为奔驰法，由美国心理学家罗伯特·艾伯尔（Robert F.Eberle）提出。这是一种高效的创意获取方法论，SCAMPER 分别是 7 个单词的首字母缩写：替换（Substitute）、整合（Combine）、调整（Adapt）、修改（Modify）、其他用途（Put to other Uses）、消除（Eliminate）与重组（Rearrange），代表七种改进的方向，能激发人们推敲出新的构想。

我们可以利用奔驰法对游戏进行剖析并获得创意。

S：主题或功能是否可以进行替换？例如替换了水果主题的《2048ball》与《合成大西瓜》。

C：玩法是否可以进行整合？例如《贪吃蛇》+《Fire Up》，创造了《Snake VS Block》。

A：是否可以融合其他产品的功能？例如《宝可梦》+AR 技术，创造了《宝可梦GO》。

M：原有功能是否可以进行微调或放大？例如将《英雄联盟》的 CD（Cool Down，技能冷却时间）减小到了极致，从而创造了无尽火力模式。

P：现有的一些功能是否可以有别的用途？例如将手机麦克风功能用于控制人物移动，从而创造了《八分音符酱》。

E：哪些功能可删除？例如只保留即时战略游戏《魔兽争霸》的资源采集和建造系统，从而创造了塔防游戏《植物大战僵尸》。

R：是否可以尝试改变顺序、切换视角？例如以魔王的视角去阻止英雄，从而创造了《勇者别嚣张》。

10.2　如何立项与迭代

当我们有了足够多的游戏灵感，接下来就可以着手项目的开发工作了。在本节中，我们将讨论作为独立游戏开发者在立项之初需要注意的一些问题。

10.2.1　从小项目开始

如果你是初学者，则在立项之初不要直接做太大的项目，因为所有人都是从"新手村"出发的，就算是行家也不例外。没有人可以直接跳过初学者阶段而成为大师。如果你想制作"大作"或者机制/系统特别复杂的游戏，就必须先积累足够的经验。

在通常情况下，如果没有多年的游戏制作经验，那么游戏设计技能肯定不会太高。因此一开始我们要放低目标，不需要去想着做一个颠覆性的"大作"，而应以成功上架到应用市场为主要目标。

选择简单的游戏机制、极简的美术风格，先从简单的地方着手，然后逐步积累经验，在有了足够的经验之后再慢慢地完善游戏角色、动画，或者加入更复杂的机制，这对于初学者来说会是一个不错的选择。

或许你担心自己做的第一个游戏无法达到预期，这个时候不要有太大的心理压力，只要能将它制作出来就已经成功了。在起步阶段我们要坚信"完成"比"完美"更重要，若第一个游戏没有做好，那么只要接下来的每一个游戏都比上一个游戏有进步就可以了。

10.2.2　快速原型设计

当我们确定了要制作的游戏后，快速设计出游戏原型并对其进行测试是十分必要的。通过试玩游戏原型，可以及时发现游戏中存在的问题并对它们进行修正。这些问题可能是功能实现上的，或者是玩法设计上的，总之提早进行原型测试可以帮助我们规避很多明显的问题。

在制作游戏原型时，我们需要优先开发核心玩法，同时避免复杂的数据结构和系统架构。在美术方面可以使用基础色块，对此过于纠结会分散我们的注意力。

或许你在制作原型时会写出一些不太优雅的"脏代码"，这个时候也不用过于关注代码的结构。代码的运行效率和模块封装程度并不是当前阶段首先需要考虑的事情，任何耗费你大量时间去处理且非必要的工作都可以先放到一边，一切以快速制作出能玩的原型为目标。

试想你花了大量的时间却看不到结果，很可能就会因此中途放弃。快速制作出能玩的原型可以帮助你增强信心，这对于起步阶段来说是非常重要的。

在制作完成之后，也不要忘记及时地进行原型测试。在测试时试着寻找错误和可以改进的地方，这些测试工作将会帮助你规避很多问题。

10.2.3　获取反馈与迭代

游戏原型制作完成后，接下来我们就可以进入获取反馈与迭代阶段了。通过外部反馈，我们可以更加全面地认识自己的游戏，从而进一步完善游戏，也能避免闭门造车。

在获取反馈时，我们可以遵循由近到远的方式，一开始先邀请周边的亲朋好友试玩游戏。由于试玩的对象离我们的距离足够近，因此我们可以及时地获取反馈，并根据意见进行修改。

在邀请试玩对象时需要注意，尽可能邀请不同水平的玩家，尝试把自己的游戏给高手和新手都玩一下，并观察他们在玩游戏时的反应。在非必要的情况下，尽量让他们自己进行体验，而不要过多地指导和干涉，这样也能反应出游戏的引导设计是否合理，并方便我们找到游戏的优化方向。

在从周围朋友的试玩体验中获取反馈并进行优化与迭代之后，我们就会拥有一个相对还不错的游戏版本，至少是没有明显问题的版本了。这个时候我们就可以将游戏小范围地分享到一些游戏社群或者论坛，并邀请部分玩家进行试玩。

由于此时邀请的玩家与我们有一定的距离，因此获取反馈相对没有之前的及时，但也正是因为距离感的存在，使得我们可以获取一些周围朋友不太好意思给我们提的意见。通过由近到远的方式，我们能更加全面地认识到游戏的问题。通过获取反馈持续地对游戏进行迭代，我们的游戏就会变得越来越完善。

10.3　游戏的上架

经过前面几轮的基础测试之后，我们已经有了一个相对完善的游戏版本了，这个时候就可以考虑将游戏上架到应用市场，让更多的人体验。在本节中，我们将聊一聊游戏上架需要的材料，以及在上架应用市场时常见的一些问题。

10.3.1　申请计算机软件著作权

计算机软件著作权（简称软著），是指软件的开发者或者其他权利人依据有关著作权法律的规定，对于软件作品所享有的各项专有权利。在软件开发完成后，软件著作权人享有发表权、开发者身份权、使用权、使用许可权和获得报酬权。

目前要将游戏上架到应用市场中，是需要提交软著的。如果想要将软件上架到应用市场中，那么就需要及时地申请软著。软著在帮助游戏上架的同时能明确权利所属，并作为法律保护的依据。

我们可以自行到中国版权保护中心的官方网站，提供身份证明、软件操作说明书以及源代码等相关材料，根据官方网站的指引进行软著的登记。也可以找到正规的第三方代理机构进行委托申请。寻求第三方代理机构的帮助一般需要支付一定的委托费用，我们可以根据自身的需求酌情选择申请方式。

10.3.2　申请开发者账号

如果想要将自己的 App 上架到某个应用商店，那么还必须申请相应平台的开发者账号。通常情况下，我们可以在搜索引擎中搜索【平台名字+开发者中心/平台】关键词，例如搜索【TapTap 开发者平台】，通过这种方式可以直接检索到对应平台的注册入口。

每个平台都会有相应的平台要求，我们需要根据平台的要求提交相应的开发者资料，从而完成平台注册。这里需要注意的是，并不是所有的应用市场都支持个人开发者主体入驻的。对于这种情况，只有以公司的形式进行公司注册才能完成入驻。当然也有很多的平台是支持以个人为主体的形式进行注册的，例如 TapTap、好游快爆、233 乐园等。

如果你还在纠结要上架到哪一个平台，对于独立开发者而言，TapTap 是非常不错的选择。TapTap 对于独立开发者非常友好，每个上架的新游戏都会给予一定的免费曝光量。如果游戏能够获得用户的喜爱，那么平台将会通过内部算法给予更多的曝光，让游戏可以被更多的人看到。同时 TapTap 有着非常棒的社区氛围，我们可以在 TapTap 中获取大量的用户反馈，可以帮助我们持续迭代并逐步完善游戏。因此，建议初学者在上架时优先注册 TapTap 开发者账号，并以此为起点开始自己的游戏发布之旅。

10.3.3　准备材料与上架

在申请好了相应的开发者账号后，接下来就可以准备游戏的上架材料了。每个平台需要的材料并不完全相同，我们这里只讨论一些较为常见的材料，大部分平台都会要求准备如下材料：

（1）游戏 icon 图标。

（2）游戏截图，通常需要准备 3~5 张。

（3）游戏简介，通常需要 80 字左右。

（4）游戏展示视频，通常为可选项，但是建议尽量做一个简单的展示视频，10s 左右即可。

（5）计算机软件著作权，上传文件的扫描件或者照片即可。

（6）游戏安装包，根据平台的要求，可能需要在游戏中添加一些平台相关的 SDK，或者提供协议链接等。

在材料准备就绪之后，我们就可以将相应的材料提交给平台进行审核了，在审核通过后，就可以在相应的应用市场中下载应用了。

10.3.4　申请广告位

每个游戏开发者都会想做出一款受大家喜爱的好游戏，但是游戏的开发与维护会耗费大量的精力，一开始或许可以依靠兴趣驱动去做游戏，但从长远考虑，如果能为游戏引入一些变现要素，则会支撑我们走得更远。

目前国内只有拥有版号的游戏才能使用内购功能，即我们常说的"充值系统"，而广告变现并没有版号的硬性要求，因此大多数独立项目都会通过广告的方式进行变现。在积累了一定的用户之后，我们就可以将用户流量转化为广告流量，即将自己的流量卖给广告商，从而实现变现。

在通常情况下，我们并不需要自己去找广告商，而是使用广告联盟对接广告商。通过广告联盟后台进行广告位申请并在游戏中接入相关的 SDK，即可快速打通变现渠道。国内有非常多的广告联盟，例如穿山甲、优量汇、百度、360、OPPO，在选择广告联盟时，可以选择比较主流的优量汇和穿山甲。

我们可以根据广告联盟的官方网站的指引来提交相应的材料进行开发者账号的注册，待开发者账号申请通过后就可以在后台申请广告位了。目前市面上主流的广告位有开屏广告、信息流、激励视频、Banner、插屏等，可以根据实际需求进行相应广告位的申请。

广告位申请完成后，我们可以在广告联盟的官方网站上下载相应的 SDK，根据官方文档的指引进行接入即可实现广告变现。

10.4　本章小结

在本章中，我们讨论了一些游戏开发技术之外的内容，学习了如何获取设计灵感，独立项目立项的一些基础知识，以及与游戏上架相关的知识。独立开发游戏并非易事，要学习的东西还有很多，本章的内容也仅是起到抛砖引玉的作用，在学习了相关的知识之后还需要多加练习，相信有朝一日你一定可以做出深受玩家们喜爱的好游戏。

反侵权盗版声明

电子工业出版社依法对本作品享有专有出版权。任何未经权利人书面许可，复制、销售或通过信息网络传播本作品的行为；歪曲、篡改、剽窃本作品的行为，均违反《中华人民共和国著作权法》，其行为人应承担相应的民事责任和行政责任，构成犯罪的，将被依法追究刑事责任。

为了维护市场秩序，保护权利人的合法权益，我社将依法查处和打击侵权盗版的单位和个人。欢迎社会各界人士积极举报侵权盗版行为，本社将奖励举报有功人员，并保证举报人的信息不被泄露。

举报电话：（010）88254396；（010）88258888

传　　真：（010）88254397

E-mail：dbqq@phei.com.cn

通信地址：北京市万寿路173信箱

　　　　　电子工业出版社总编办公室

邮　　编：100036